Leitfaden für Rohrleger und Einrichter der sanitären Technik

Band 1
Gasanlagen

von

Oberingenieur Ewald Kuckuk

Mit 150 Bildern

München und Berlin 1943

Verlag von R. Oldenbourg

Druck von R. Oldenbourg, München
Printed in Germany

Vorwort

Der Zweck dieses Buches soll sein, dem Gasrohrleger und Gaseinrichter den Stoff zu vermitteln, den er in der Praxis für die Berechnung und Ausführung von Anlagen oder für die Vorbereitung zur Meisterprüfung benötigt. Es soll auch dem Gastechniker ein Hand- und Lehrbuch sein für seine Ausbildung und ihm in seiner Praxis helfend zur Seite stehen.

Der Gas- und Wasserinstallateur darf heute nicht nur mit oberflächlichen Kenntnissen ausgerüstet sein. Die Gaswerke und Handwerkskammern sowie auch die Praxis selbst verlangen ein umfassendes Wissen und Können, weil die Verantwortung des zugelassenen Installateurs eine sehr große ist.

In diesem Sinne und mit Rücksicht auf die fortschreitende Technik ist dieses Buch mitten in dem Befreiungskampf Großdeutschlands entstanden. Möge dies eine gute Vorbedeutung sein für die Hoffnung auf eine günstige Aufnahme des Leitfadens.

Ewald Kuckuk.

Inhaltsverzeichnis

1. Teil. Gasanlagen

I. Einleitung und Geschichtliches

Im gesamten technischen Schrifttum wird als erster, der sich mit der Herstellung des Gases aus Steinkohle beschäftigte, der englische Grubeningenieur Murdoch genannt. Das ist insofern nicht richtig, als nachgewiesenermaßen ein Deutscher namens Johann Joachim Becher zu allererst Steinkohlengas erzeugte.

Das große Verdienst dieses am 6. Mai 1635 zu Speyer am Rhein geborenen Mannes war, als erster überhaupt die Vergasung von Steinkohle versuchsweise durchgeführt und in die Praxis eingeführt zu haben.

Murdoch hat dann zum erstenmal Leuchtgas nach den heutigen Grundsätzen in größeren Mengen erzeugt und in Röhren fortgeleitet, um es an anderen Stellen zu verwenden. Doktor Becher erhielt am 19. August 1681, als er sich in England aufhielt, vom englischen König Carl II. ein Patent für »einen neuen Weg zur Herstellung von Pech und Teer aus Steinkohle niemals zuvor entdeckt und von anderen gebraucht« — wie es in der Patentschrift heißt.

Es handelte sich bei dieser Erfindung um die Destillation der Steinkohle.

Professor Minkelers zeigte 1784 an der Universität Löwen das Gaslicht experimentell vor und beschrieb dasselbe in einer Broschüre: Memoire sur l'air inflammable tiré de differentes substances, redigé par M. Minkelers, professeur de philosophie, au collége du Faucon, Université de Louvain 1784.

Im Jahre 1785 beleuchtete Professor Pickel in Würzburg sein Laboratorium mit Gas. Im gleichen Jahre trat Le Bon in Paris mit denselben Versuchen an die Öffentlichkeit. Gleichzeitig war es der englische Grubeningenieur Murdoch, der Versuche mit Leuchtgas aus Steinkohle durchführte, wenn er abends von der Grube nach seiner entfernten Wohnung ging, mit einer mit Gas gefüllten Ochsenblase unter dem Arm, durch ein Röhrchen das angezündete Gas entströmen ließ, um sich den Weg zu erhellen.

Als Murdoch in der für die Dampfmaschine so wichtigen Fabrik von Boulton und Watt Beschäftigung und eine einflußreiche Stellung fand, bildete er mit seinem Schüler Clegg seine Idee weiter aus und beleuchtete zuerst Fabriken. 1808 brannten in London die ersten Gasflammen auf den Straßen, 1814 ließ das Kirchspiel St. Margareths in London zuerst seine Öllampen durch Gaslaternen ersetzen, 1826 wurden in Hannover und Berlin durch die Imperial Continental Gas Association Gasanstalten erbaut. 1828 richtete Blochmann die Gasbeleuchtung in Dresden ein, und gleichzeitig bauten Knoblauch und Schiele in Frankfurt am Main eine Ölgasfabrik.

Seit dieser Zeit hat die Gasindustrie sich unaufhörlich weiter entwickelt und einen Aufschwung genommen, den die damaligen Begründer kaum geahnt haben.

II. Gasgewinnung

Zur Gasbereitung dient heute allgemein als Material die Steinkohle. Nicht jede Steinkohlenart ist hierfür gleich gut geeignet; es muß eine gasreiche, backende Sinterkohle sein, die als Rückstand einen für die Industrie, für Zentralheizungen und für den Hausbrand geeigneten Koks ergibt. Das gewonnene Gas wird zum Unterschied von anderen Gasarten Steinkohlengas genannt und wird hergestellt in Gaswerken und Kokereien.

Beide Herstellerwerke sind im Grunde genommen gleich gebaut und erfüllen je nach Größe und Leistung denselben Zweck, nämlich aus der Steinkohle alle die wichtigen Produkte herauszuholen, ohne welche unsere Wirtschaft nicht mehr lebensfähig wäre.

1. Die Gaserzeugungsöfen

Das Gas wird entwickelt in Retorten oder Kammern, das sind waagerecht, schräg oder senkrecht in einem Ofengehäuse eingemauerte Behälter aus Schamotte, einem feuerfesten Ton.

Die Kammern werden mit Kohlen gefüllt, luftdicht verschlossen und einer Glühhitze von 1100 bis 1200⁰ C ausgesetzt. Diesen Vorgang nennt man trockene Destillation und erhält als Produkte Gas, Teer, Gaswasser, und als festen Rückstand den Koks.

Das sich entwickelnde Gas enthält:

1. lichtgebende Bestandteile, sogenannte schwere Kohlenwasserstoffe: Äthan, Äthylen, Propylen, Azetylen, Benzol, Toluol.
2. Lichtträger, das sind Heizgase: Wasserstoff, Grubengas oder Methan, Kohlenoxyd.
3. Verunreinigende Bestandteile, welche entfernt werden müssen, weil sie bei der Verbrennung von Gas nachteilig auf die Leucht- oder Heizkraft einwirken oder schädliche Gase bilden: Kohlensäure, Ammoniak, Schwefelwasserstoff, Zyanverbindungen, Schwefelkohlenstoff, Stickstoff und Naphthalin.

Während in den Gaswerken bei der Vergasung der Steinkohle das Gas das Hauptprodukt und die anderen Teile die Nebenprodukte sind, ist in den Kokereien der Koks das Hauptprodukt und die übrigen Teile die Nebenprodukte. Volkswirtschaftlich betrachtet ist natürlich ein Produkt so wichtig wie das andere.

Die schematische Darstellung eines Gaswerkes gibt die Tafel 1 wieder, während die Tafel 2 den Schnitt durch die Kammer einer Kokerei zeigt.

Zur Beschreibung des Vorgangs bei der Gaserzeugung mag die folgende einfache schematische Skizze dienen (Bild 1).

Die mit Steinkohlen gefüllten Kammeröfen werden durch das im Generator erzeugte Gas beheizt. Die Generatoren (=Erzeuger) sind entweder unter oder neben den Kammeröfen angeordnet und dienen als Wärmezufuhr. Das durch trockene Destillation gewonnene Rohgas gelangt durch das Sammelrohr in eine Teervorlage, in welcher die erste Ausscheidung flüssiger Destillationsprodukte stattfindet. Gleichzeitig bildet die Vorlage einen hydraulischen Verschluß für die Aufsteigröhren, damit beim Öffnen der Retorten das Gas nicht ausströmen kann. Von der Vorlage (Hydraulik) gelangt das

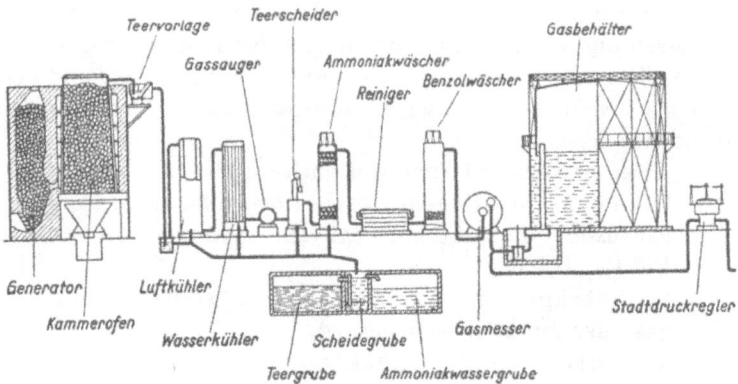

Bild 1.

Gas in die Kühlapparate, in welchen die Dampfbestandteile in flüssiger Form ausscheiden, nämlich als Teer und Gaswasser. Beide Produkte werden durch besondere Leitungen den Teer- und Gaswassergruben zugeführt.

In dem **Luftkühler** wird das Gas auf etwa 80⁰ C abge-kühlt, und im **Wasserkühler** wird die Gastemperatur mit Hilfe von Frischwasser auf etwa 15⁰ C herabgedrückt.

Um dem Gase das Austreten aus den Kammern zu er-leichtern und sowohl die Verluste zu vermeiden, welche durch Entweichen aus undichten Retorten, als auch jene, welche durch Zersetzung des Gases bei längerem Verweilen in den heißen Kammern entstehen, schaltet man zwischen den Küh-lern und den darauffolgenden Wäschern einen **Gassauger** (Exhaustor) ein, dessen rotierende Flügel entweder durch eine Dampfmaschine, einen Gas- oder Elektromotor bewegt werden. Dabei bringt eine besondere Vorrichtung, ein sog. Umlauf-regler, die Wirkung des Gassaugers mit der Gasentwicklung in Übereinstimmung und öffnet bei etwaigem Stillstande des Saugers dem Gase einen Weg.

Zur vollständigen Entfernung des Teers, welcher durch die Kühlung etwa noch nicht ausgeschieden ist, benutzt man einen **Teerscheider**, in welchem das Gas durch feindurch-löcherte Wände hindurchgeführt und durch den Stoß, den es hierbei erleidet, von seinem letzten Gehalt an Teer befreit wird.

Nunmehr gelangt das Gas in die Wäscher und dann in die Reiniger. In dem Ammoniakwäscher wird es in innige Berührung mit Wasser gebracht und dadurch der Rest des Ammoniaks, der Kohlensäure und ein Teil des Schwefelwasserstoffes ausgeschieden. Im Reiniger, d. i. ein Kasten mit einer Masse aus Raseneisenerz und Kalk (Eisenhydroxyd), wird der Rest von Schwefelwasserstoff und das Zyan, beides verunreinigende Bestandteile, vollständig entfernt.

Die Entfernung des Naphthalins, welches durch die unangenehme Eigenschaft, die Rohrleitungen zu verstopfen, bekannt ist, geschieht entweder in eigens hierfür aufgestellten Wäschern oder durch langsame Kühlung des Gases in sogenannten Großraumkühlern und durch Waschung mit dem sich bildenden Teer.

Die Ausscheidung des Benzols ist nicht immer eine selbstverständliche Angelegenheit für Gaswerke und Kokereien gewesen. In der Vor-Weltkriegszeit sorgte man absichtlich für einen hohen Benzolgehalt, um ein Gas von hoher Leuchtkraft zu bekommen. Erst der Weltkrieg und die damit verbundene Benzolknappheit hat dazu geführt, das Benzol auszuscheiden und für die Treibstoffwirtschaft nutzbar zu machen. Die ersten Erfolge hatte die Zeche Kaiserstuhl, die der Firma Hösch-Dortmund gehört, 1887 aufzuweisen. Seit dieser Zeit befassen sich die meisten Gaswerke und Kokereien mit der Benzolgewinnung aus Gasen und tragen damit bei zur Erzeugung eines der wichtigsten Produkte der Kohlendestillation.

Die Ausscheidung des Benzols geschieht in Türmen durch Berieselung mit Waschöl, aus welchem das Benzol mit Hilfe von Dampf wieder abgetrieben wird.

Die nebenstehende Skizze (Bild 2) gibt den Gang des Arbeitsprozesses wieder.

Der Nachteil der Entbenzolisierung des Gases, nämlich die Rostbildung in den Zuleitungen, muß bei dem großen volkswirtschaftlichen Vorteil in Kauf genommen werden.

Das von allen Verunreinigungen befreite Gas wird, nachdem es in einem Gaszähler, dem Produktions- oder Stationsgaszähler gemessen worden ist, in Gasbehältern, Gasometern, das sind zylindrische, oben geschlossene, unten

offene Glocken von Eisenblech, welche zwischen senkrechten
Führungen frei auf und ab gehend in mit Wasser gefüllten

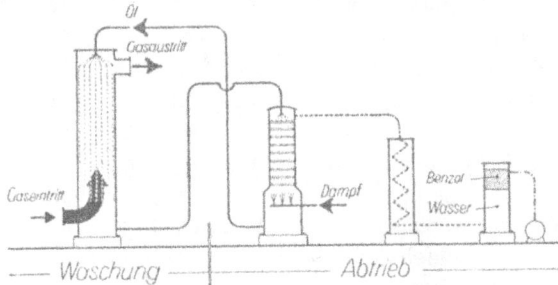

Bild 2.

gemauerten, betonierten oder aus Eisenblech hergestellten
Bassins schwimmen, aufgesammelt.

Von hier aus wird das Gas in das Stadtrohrnetz geleitet.
Da jedoch der Druck, welcher von den Gasbehälterglocken
ausgeübt wird, in der Regel zu groß ist, und zu verschiedenen
Tages- und Nachtzeiten entsprechend der Gasabgabe auch
verschieden sein muß, so muß derselbe geregelt werden. Das
geschieht durch den Stadtdruckregler.

Auch in den Kokereien wird das Gas in derselben Weise
gereinigt, gemessen, aufgespeichert und gefördert wie in den
Gaswerken, auch die eingebauten Apparate sind die gleichen.

2. Die verschiedenen technischen Gasarten

Außer dem Steinkohlengas gibt es noch verschiedene
andere technische Gasarten.

a) Ölgas

Zur Beleuchtung von Eisenbahnwaggons verwendet man
da, wo andere Beleuchtungsmittel nicht zur Verfügung stehen,
das Ölgas. Dieses ist, wie fast alle flüssigen Brennstoffe, entweder mineralischen Ursprungs (Erdöl) oder wird sowohl
aus dem Steinkohlen- als auch aus dem Braunkohlenteer
gewonnen.

b) Azetylen

Aus Kalziumkarbid, einer Verbindung von Kalk und
Kohle sowie Wasser gewinnt man das Azetylen, welches in

der Technik eine vielseitige Verwendung findet. Für gewerbliche und industrielle Zwecke, für die autogene Metallbearbeitung, häufig für Einzelbeleuchtung, seltener für größere Beleuchtungsanlagen, kommt das Azetylengas zur Anwendung.

c) Holzgas

In Zeiten der Verknappung von Treibstoffen findet das Holzgas besonders für Kraftfahrzeuge vermehrt Verwendung.

d) Torfgas

Aus dem festen Brennstoff Torf, der entstanden ist aus der nassen Vermoderung von Sumpfpflanzen, ist schon im Weltkriege Torfgas hergestellt worden.

e) Luftgas

Eine auf kaltem Wege hergestellte Mischung von Luft und leichtflüssigen Dämpfen von Petroleum-Kohlenwasserstoffen, das sog. Luftgas (Aerogengas), wird häufig da als Ersatz für Steinkohlengas erzeugt, wenn die Errichtung von Steinkohlengaswerken unwirtschaftlich ist.

f) Wassergas

Wenn man Wasserdampf durch einen mit glühendem Koks gefüllten Schacht (Generator) leitet, erhält man Wassergas. Dieses, nach dem Steinkohlengas wichtigste Gas, wird seit vielen Jahren zu Beleuchtung-, Heiz- und Kraftzwecken hergestellt. In Deutschland fabriziert man Wassergas und mischt es mit Steinkohlengas zu dem sog. Mischgas. Der Wasserdampf zerlegt sich in Wasserstoff und Sauerstoff und dieser bildet mit dem Kohlenstoff des Kokses das Kohlenoxyd. Das Wassergas verbrennt mit heißer, blauer Flamme.

g) Generatorgas, Gichtgas

Besonders zum Betrieb von Gaskraftmaschinen wird das Generatorgas gebraucht, ebenso wie das Hochofengas (Gichtgas). Es hat einen geringen Heizwert und leuchtet nicht. Generatorgas und Gichtgas spielen in der Hüttentechnik als Kraftgas eine große Rolle und werden hier wirtschaftlich ausgenützt.

h) Naturgas.

In Ölgebieten Europas und Amerikas wird Naturgas, welches der Erde entströmt, aufgefangen und einigen Städten nutzbar zugeführt. In Neuengamme bei Hamburg, in Wietze bei Celle, in Siebenbürgen und in Wels im Gau Ostmark wurden solche Erdgasquellen erbohrt und ausgenutzt.

i) Faulgas

In den großen Kläranlagen städtischer Entwässerungen bildet sich in den Absitzbecken das sog. Faulgas, welches brennbar ist und einen großen Heizwert hat. Manche Städte haben daher entsprechende Anlagen geschaffen, um das Gas aufzufangen, fortzuleiten und für Beleuchtungs- und Wärmezwecke nutzbar zu machen.

3. Die veredlungswirtschaftliche Leistung der Gaswerke und Kokereien

Die wichtigste Energiequelle unseres Vaterlandes ist die Kohle. Neben diesem Rohstoff werden in steigendem Maße das Holz, das Erdöl und die Wasserkräfte systematisch ausgebeutet und für die Wirtschaft nutzbar gemacht.

Da das große Ziel unserer nationalen Wirtschaft sein muß, den wertvollsten Rohstoff Kohle nicht unmittelbar zu verbrennen, sondern ihn in seine einzelnen Bestandteile zu zerlegen und diese Teile dem eigentlichen Verwendungszweck zuzuführen, muß der Grundsatz lauten:

Die Kohle ist Rohstoff, kein Brennstoff

Die Veredlung der Steinkohle geschieht in großem Umfang durch die Vergasung. Etwa 80% des Heizwertes der Kohle werden auf diese Weise ausgenutzt.

Wie das Bild 3 »Stammbaum der Kohle« zeigt, werden neben dem Reingas zahlreiche Nebenerzeugnisse gewonnen.

Aus 100 kg Steinkohle erhalten wir bei der gebräuchlichen Hochdrucktemperatur im Durchschnitt:

50 m³ Gas,
50 kg Koks,
4 bis 5 kg Teer,
1 kg Benzol,
0,2 bis 0,3 kg Ammoniak.

Haushalt-Gewerbe-Industrie

Harze-Lacke
Wäschereizwecke
Lösungsmittel — Solvent Naphta
Wasserdichtung von Stoffen
Zur Kautschuklösung

Reingas

Xylol

Farben-Industrie
Riechstoffe

Karburierung
Flüss. Brennstoff für — Motorbetrieb

Kautschuk-Gummi
Fette-Öle-äth. Öle
Reinigung v. Kleidern etc.

Farbstoffe
Sprengstoffe
Riechstoffe — Toluol
Medizinische Präparate
Saccharin

Roh-
Benzole

Benzol — Lösungsmittel für

Zahllose Farbstoffe

Pyridin — Lösungsmittel
Denaturierung v. Alkohol

Sprengstoffe — Salpeters. Ammoniak
Stickstoff — Schwefels. Ammoniak
Düngemittel
Verzinkerei — Chlorummonium
Zeugdruckerei

Cyan
Schwefel

Ammoniak

Benzol
Toluol
Xylol
Solv. Naphta

Phenol-Kresol — Farbstoffe-Desinfektion
Salicylsäure

Anthracen — Farbstoffe

Pech — Firnisse-Dachlacke
Brikettierung
Isolierung-Bindemittel

Zentralheizung
Eisengießerei — Koks
Hochöfen

Rohgas

Rohteer

Naphtalin — Hydronaphtalin
Farbstoffe
Konserv. v. Fellen u. Stoffen

Teeröl — Holzkonservierung
Betriebsstoffe für
Feuerung u. Motore

Retortenkohle

Steinkohle

Straßenbaustoffe

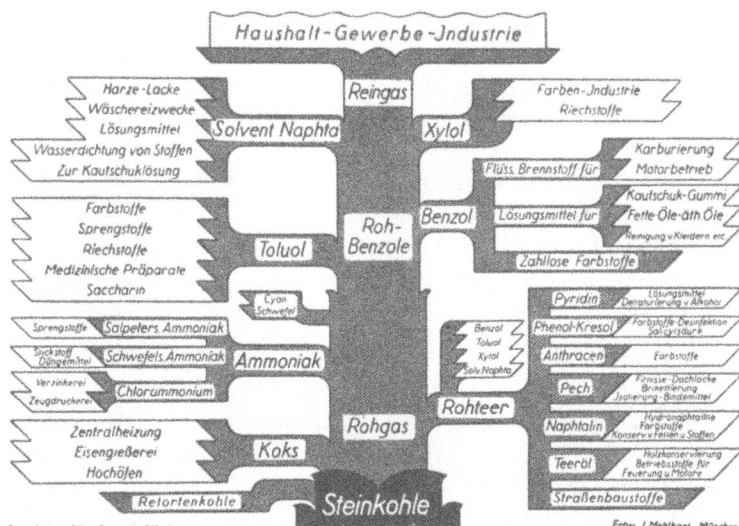

Copyright by Städt. Gaswerke München   Entw. J. Mehlhart, München

Bild 3.

Gas. Über die Verwendung des Gases für den Haushalt, die Straßenbeleuchtung, für Gewerbe und Industrie und für den Treibstoffmarkt wird im folgenden noch ausführlich die Rede sein. Das Aufblühen der deutschen Volkswirtschaft seit der Jahrhundertwende ist von einer starken Zunahme der Gaserzeugung begleitet.

Koks. Wir unterscheiden:

Gaskoks, ein Nebenprodukt bei der Leuchtgasgewinnung mit einer Ausbeute von 50 bis 70% und

Hüttenkoks, als Haupterzeugnis aus alter Backkohle hergestellt mit etwa 75% Koksausbeute. Je nach dem Verwendungszweck unterscheiden wir Heizkoks, Hochofenkoks, Gießereikoks.

Teer. Zum Teil wird Teer in rohem Zustande als Brennstoff benutzt, doch ist dabei zu beachten, daß er durch Absetzen oder Zentrifugieren möglichst wasserfrei gemacht werden muß. Zur Vermeidung der Abscheidung von Naphthalin müssen die Brenner gut vorgewärmt werden.

Auch als Treiböl ist Teer geeignet, sein Gehalt an freiem Kohlenstoff und Pech ist gering.

Der Gasteer zeigt verschiedene Eigenschaften, je nachdem er aus den unterschiedlichen Steinkohlenarten entstammt und je nach der Bauart des Destillationsofens. Der Koksofenteer steht in seinen Eigenschaften dem Gasteer aus Vertikalöfen nahe.

Das ausgedehnte Anwendungsgebiet für den Teer veranschaulicht das vorige Bild.

Benzol. Aus dem Leichtöl und aus den Koksofengasen läßt sich eine Flüssigkeit — Rohbenzol — ausscheiden. Durch Abdestillation gewinnt man hieraus das 90er-Benzol, d. h. es verdampft 90% des Brennstoffes bei 100⁰ Siedetemperatur.

Das übrige Benzol wird aus dem Rohteer gewonnen.

Benzolgewinnung und Aufarbeitung ist das Bestreben der Gasindustrie und ihre große Aufgabe von nationalwirtschaftlicher Bedeutung.

Ammoniak. Das aus dem Rohgas gewonnene Ammoniak ist neben den übrigen Bestandteilen der Steinkohle ein überaus wichtiges Nebenerzeugnis. Es wird als salpetersaures Ammoniak für Sprengstoffe, als schwefelsaures Ammoniak für Stickstoffdüngemittel und als Chlorammonium für Zwecke der Verzinkerei und Zeugdruckerei hergestellt.

Auch die übrigen Produkte aus den Nebengewinnungsanlagen der Gaswerke und Kokereien haben große Bedeutung für die deutsche Industrie.

4. Die Schwelung von Steinkohle

Im Rahmen dieses Buches soll einmal der Vollständigkeit halber und zum andernmal der Neuerung wegen über die Schwelung der Steinkohle das Wichtigste gesagt werden.

Kennzeichen der Schwelung. Die zersetzende oder trockene Destillation fester Brennstoffe wird je nach den angewandten Retortentemperaturen als Verkokung oder Schwelung, auch als Hoch- oder Tieftemperaturverkokung bezeichnet.

Bei der Entgasung ist das Gas, bei der Verkokung der Koks und bei der Schwelung der Teer als das Haupterzeugnis anzusprechen.

In allen drei Fällen gilt jedoch der Koks, der Menge und dem Heizwert nach, als das Haupterzeugnis.

Die Tieftemperaturverkokung oder Schwelung ist ein Verfahren, welches bei Temperaturen von 450⁰ bis 500⁰ C stattfindet, im Gegensatz zur Hochtemperaturverkokung bei 1100⁰ bis 1200⁰ C.

5. Aufbau einer Schwelvergasungsanlage

Die Kohle gelangt aus dem Fülltrichter eines Gaserzeugers in einen glockenartigen Raum, in dem sie entschwelt wird. Aus der Schwelglocke tritt der Halbkoks aus, der dann wie in einem üblichen Gaserzeuger vergast wird. Zur Verschwelung ist Wärme nötig, die der Kohle in der Schwelglocke durch das heiße, aus dem Halbkoks entstehende Generatorgas zugeführt wird. Dieses Generatorgas ist gewissermaßen ein Spülgas, das die Kohle auf die Schweltemperatur erwärmt und die Schwelgaserzeugnisse abführt. Die Schwelvergasung ist also eine Art Spülgasentschwelung im Gaserzeuger und der dabei gewonnene Teer ist echter Schwelteer.

Bei Braunkohlen ist die Schwelvergasung weitverbreitet, und man hat für die Gaserzeuger einen besonderen Schwelaufbau eingeführt, durch den das ganze entstehende heiße Generatorgas abgesaugt wird.

Bei der Steinkohle, die vor allem wegen des geringen Wassergehaltes weniger Wärme zur Verschwelung braucht und je Tonne Kohle eine größere Gasmenge ergibt, genügt zur Entschwelung der Kohle nur ein Teil des entstehenden Halbkoks-Generatorgases.

Schwelkoks findet in den letzten Jahren nicht nur in der Industrie, sondern auch in Gewerbebetrieben und im Haushalt Verwendung.

Über die Gasbeschaffenheit der Schwelereien läßt sich folgendes sagen. Je niedriger die Destillationstemperatur ist, desto geringer ist der Wasserstoffgehalt und um so höher ist der Gehalt an gesättigten und ungesättigten Kohlenwasserstoffen.

III. Fortleitung des Gases

1. Das Stadtrohrnetz

Das verbindende Glied zwischen der Erzeugungsstelle, dem Gaswerk bzw. der Kokerei und den Vorrichtungen, in welchen das Gas nutzbar verbraucht wird, bildet das Rohrnetz.

Man versteht darunter ein System von Rohrleitungen, welche in den Straßen und Plätzen unterirdisch verlegt sind und dazu dienen, den Verwendungsstellen das Gas zuzuführen. Diese Rohrleitungen bilden also das Bindeglied zwischen dem Erzeugungsort und dem Verbrauch.

Wir unterscheiden die Hauptrohrleitungen, das sind diejenigen Rohrleitungen, welche die Straßen der Länge nach durchziehen, und die Anschlußleitungen, welche zu den Gebäuden, Grundstücken oder Straßenlaternen führen.

Die Hauptrohrleitungen werden möglichst untereinander verbunden, um so die Druckschwankungen im Netz auszugleichen. Damit Störungen in der Gasversorgung vermieden werden, die durch Arbeiten am Netz eintreten können, ist Sorge zu tragen, daß jede Leitung abgesperrt werden kann, ohne daß eine andere Leitung in Mitleidenschaft gezogen wird.

Bild 4 zeigt ein nach dem Kreislaufsystem ausgeführtes Netz, in welchem alle Leitungen untereinander verbunden sind, während Bild 5 das sog. Verästelungssystem veranschaulicht, wo die Straßen am Rande der Stadt nicht miteinander verbunden sind.

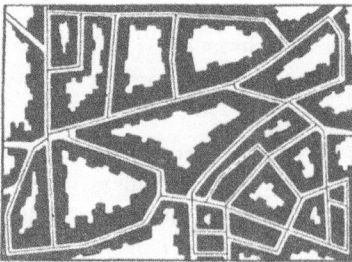

Bild 4.

Bild 5.

Sehr wohlüberlegte Planung muß dem Bau des Gas-
rohrnetzes vorausgehen, wobei die Rücksichtnahme auf die
örtlichen Verhältnisse, ferner auf die Anschlüsse der Wasser-
leitungen, der elektrischen Stark- und Schwachstromleitungen,
in Großstädten der Fernheiz- und Rohrpostleitungen sehr
sorgfältig beachtet werden muß.

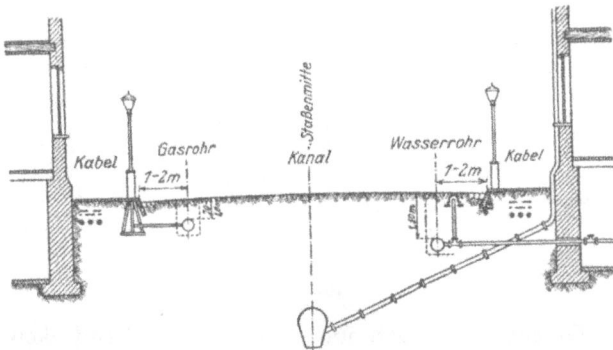

Bild 6.

In Bild 6 ist die getrennte Verlegung von Gas- und Wasser-
leitung zu erkennen. Die Gasleitung liegt hier etwa 1 bis 2 m
vom Bordstein auf der einen Straßenseite und die Wasser-
leitung auf der anderen Seite. Diese Verlegungsart findet
man in kleinen und mittleren Städten, sie hat gegenüber der
in Bild 8 dargestellten Verlegungsweise den Vorzug der größeren Sicherheit.

In einigen Städten Deutschlands werden die Gas- und
Wasserrohre manchmal in einem Graben so neben- und übereinander gelegt, daß das Wasserrohr im tieferen, das Gasrohr
im höheren Grabenteil liegt. (Bild 7)

Einen großen Vorteil bietet die in Bild 8 gezeigte Verlegungsart, bei der je ein Gas- und Wasserrohr in allen Straßen
in beiden Bürgersteigen verlegt wird:

  1. Die Rohre liegen in den Gehwegen ruhiger als im Fahr-
     damm, es kommen deshalb weniger Undichtigkeiten
     und Rohrbrüche vor.
  2. Neue Anschlüsse lassen sich schneller herstellen und
     Störungen im Wagenverkehr treten nicht ein.

3. Das gute Pflaster wird nicht zerstört, daher fallen die Kosten für die Instandsetzung des Fahrdammes fort. Die Reparaturkosten auf dem Bürgersteig sind geringer.

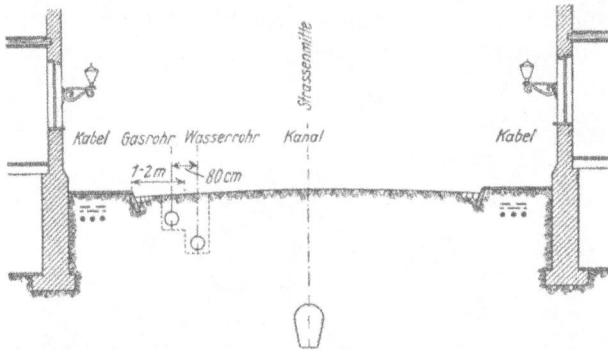

Bild 7.

Gasausströmungen unter dichten Straßendecken sind schwerer auffindbar als unter den durchlässigen Decken der Bürgersteige.

In allen Städten, besonders aber in den Großstädten mit dem immer stärker werdenden Verkehr, wachsen die Schwierig-

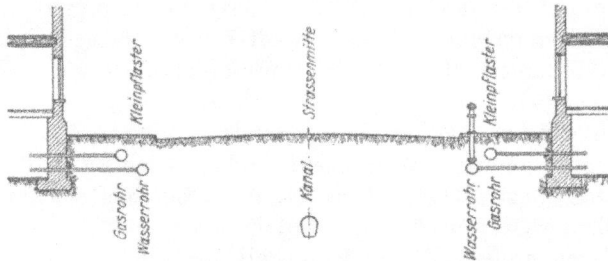

Bild 8.

keiten für die Unterbringung der Be- und Entwässerungsleitungen, der Gasrohre, der elektrischen Stark- und Schwachstromleitungen. Damit steigen auch die städtischen Ausgaben für die Instandsetzungskosten der Straßenbauarbeiten.

In Berlin hat die Tiefbauverwaltung im Einverständnis mit den Gas-, Wasser-, Kanalisations- und Elektrizitäts-

werken Grundsätze aufgestellt, nach welchen alle Rohr- und
Leitungsverlegungen vorgenommen werden.

2. Die Wahl des Rohrmaterials

Die Ansichten über die Brauchbarkeit des einen oder
anderen Rohrmaterials sind verschieden.

Zweifellos spielen bei der Wahl des Rohrmaterials die
Bodenverhältnisse eine ausschlaggebende Rolle. So wird man
in Bergbau- und Erdbebengebieten, in aufgeschüttetem locke-

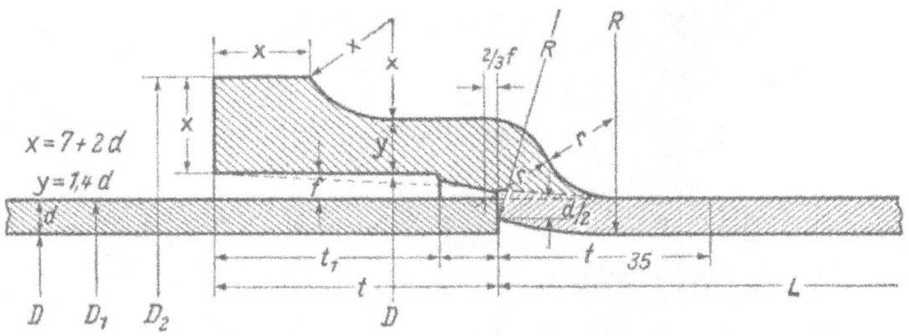

Bild 9.

rem Boden, in Straßen mit starkem Verkehr und schwerer
Belastung nahtlose Stahlrohre wählen.

3. Die Hauptrohrleitungen.

Bisher wurden die Hauptleitungen hauptsächlich aus
gußeisernen Muffenröhren hergestellt, deren normale
Muffenform aus Bild 9 hervorgeht. Die Muffendichtung
geschieht unter Verwendung von Dichtungsstrick und einem
Stemmstoff, der aus einzelnen Streifen bestehen kann, die
um das Schwanzende gelegt und verstemmt werden. Die
Muffe und das Rohrende der zu verlegenden Rohre werden
gereinigt und Teeranhäufungen zuvor beseitigt.

Ein Beispiel für die verschiedenen auf dem Markt befindlichen Stemmdichtungen wird im Bild 10 gezeigt. Die
Mundit-Dichtung ist ein Erzeugnis der Fa. Deutsche Eisen-
werke A.-G., Werk Schalker Verein, Gelsenkirchen. Mundit
besteht aus einheimischen Werkstoffen. Der Grundstoff ist
mineralische Schlackenwolle, die mit bestimmten Zusatz-
stoffen nach einem patentierten Verfahren verarbeitet wird.

Flanschenröhren finden in der Gasanstalt selbst aus-
giebige Verwendung, beim Stadtrohrnetz jedoch nur in be-

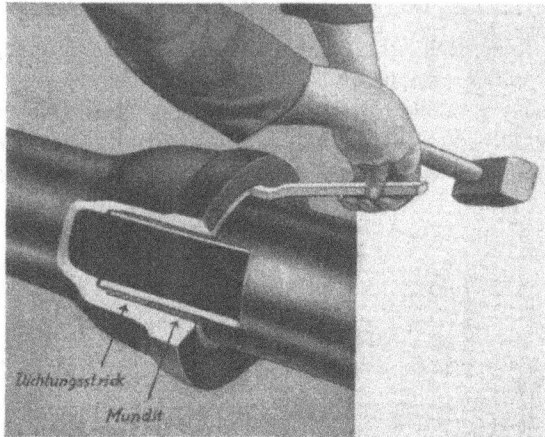

Bild 10.

sonderen Fällen. Die Form eines normalen Flanschen zeigt
Bild 11.

In den letzten Jahren hat die Schraubmuffe als Verbindung von gußeisernen Röhren immer mehr Verwendung
gefunden. Eine solche Schraubmuffe ist in Bild 12 dargestellt,
sie hat sich seit 1910 be-
währt und wird heute bis
800 mm l. W. hergestellt.

Bei jeder Schraub-
muffenverbindung sind
Richtungsänderungen nach
allen Seiten bis zu 3⁰ oder

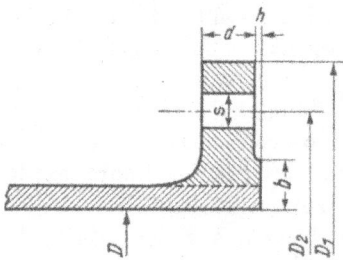

Bild 11.

etwa 250 mm auf 5 m Rohr-
länge möglich. Das Muf-
fenstück besitzt dasselbe
Gewinde wie der Schraub-
ring, der zunächst von Hand und dann mit Hakenschlüssel
angezogen wird und den Gummiring anpreßt. Ein Gleit-
ring hinter der Gummidichtung sichert deren gleichmä-
ßiges Andrücken in der Muffe und damit eine vollkom-

mene Dichtung. Es sind nur einfachste Handgriffe beim
Verbinden zweier Rohre notwendig und daher auch keine
großen Vorbereitungen in und außer dem Rohrgraben erforderlich. Die Dichtung ist absolut zuverlässig, auch bei höheren
Drücken und gewinnt in Zeiten der Bleiersparnis immer größere
Bedeutung. Im Jahre 1935 wurde infolge der eingetretenen Bleiknappheit die Verwendung von Blei zu Muffenverbindungen
verboten. An Stelle des nicht mehr zu beschaffenden Weich-
bleis wurden die verschiedensten Dichtmaterialien verwendet,

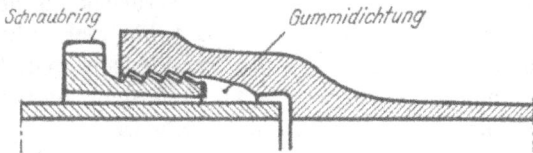

Bild 12.

so z. B. ein aus Bitumen und Zusatzmaterialien hergestellter
Stoff »Sinterit« genannt. Ferner kamen Gummimanschetten
auf den Markt, wie solche von der Firma Otto Thiele, Berlin-
Charlottenburg, geliefert werden.

In derselben Richtung, d. h. Blei zu vermeiden, bewegten
sich die Konstruktionen vieler Werke. Wir verweisen auf eine
Zusammenstellung aus einem Vortrag über bleisparende
Muffenverbindungen von Dipl.-Ing. H. Walter, Halberger-
hütte, Brebach, die alle von den normalen Muffenformen
abweichen.

4. Die Fabrikation der gußeisernen Rohre und Formstücke

Die gußeisernen Muffen- und Flanschenrohre sowie die
Formstücke werden heute nach den Deutschen Industrie-
Normen (DIN) hergestellt und ausschließlich stehend in ge-
trockneten Formen nahtfrei aus dem Kupolofen gegossen.
Ihre lichten Weiten, Längen und Gewichte gehen aus der
deutschen Normaltabelle für gußeiserne Muffen- und Flanschenrohre hervor. Bei der Bestellung und Aufzeichnung von
Formstücken bediene man sich der allgemein gültigen Sinnbilder, von denen die wichtigsten hier wiedergegeben werden
sollen. Eine Gesamtübersicht über Formstücke liefern die im

Deutschen Gußrohr-Verband zusammengeschlossenen Röhren-
gießereien. Es gibt etwa 72 Formstücke nach den DIN.

5. Die Prüfung der gußeisernen Röhren und Formstücke

Sowohl die gußeisernen Röhren als auch die Formstücke
werden in der Gießerei gleich nach der Herstellung einer Druckprobe unterzogen. Der Betriebsdruck ist für die Probepressung
maßgebend, und zwar muß der Probedruck den Betriebsdruck
um 10 at übersteigen. Deutsche Normalröhren bis einschließlich 750 mm l. W. sind auf 20 at Wasserdruck zu probieren.
Während der Druckprobe, die ½ bis 1 min nicht übersteigen
soll, werden die Röhren mit einem schmiedeeisernen Hammer
mit abgerundeten Bahnen von 1 kg Gewicht und normaler
Stiellänge mit mäßiger Kraft abgehämmert.

Nach der Druckprobe werden die Röhren und Formstücke
asphaltiert, nachdem sie vorher auf eine Temperatur von
150° C erwärmt worden sind.

Die Prüfung der Röhren geschieht in einem Probier-
apparat mit hydraulischer Einspannvorrichtung, bei kleineren
(bis 200 mm l. W.) mit einem solchen mit Spindeleinspannung.

6. Stahlrohre und Schmiederohre

Die große Festigkeit und Elastizität sowie die Homogenität
des Werkstoffes gewährleisten eine vollkommene Bruchsicher-
heit der Stahlrohre und haben deshalb große Vorzüge gegenüber
den gußeisernen Muffenrohren, besonders in Bergbaugebieten
oder in Gegenden mit unsicheren Bodenverhältnissen.

Die Stahlrohre werden nahtlos gewalzt und in Dimensionen
von 40 bis 600 mm als Stahlmuffenröhren nach dem Schräg-
und Pilgerschritt-Walzverfahren hergestellt. Sie werden auf
50 bis 75 at Wasserdruck geprüft und eignen sich daher auch
für höchste Druckbeanspruchungen.

Ein weiterer Vorzug ist die gute Schweißbarkeit des Werk-
stoffes, die es ermöglicht, die nahtlosen Stahlmuffenrohre mit
Schweißmuffen an den Verbindungsstellen vollkommen dicht
miteinander zu verschweißen, so daß Druckverluste in den
Leitungen vermieden werden, was bei Gasleitungen von größter
Bedeutung ist.

7. Schutzüberzüge gegen Korrosion

Wenn nicht zu befürchten ist, daß Korrosionsangriffe eintreten, d. h. daß Zerstörung durch säurehaltigen Boden und dgl. erfolgt, dann genügt es schon, sie innen und außen zu asphaltieren. Andernfalls ist es erforderlich, sie außer der Asphaltierung mit einem in heißem Asphalt getränktem Jutestreifen zu umwickeln.

Zum Verlegen in ganz besonders eisen- oder säureangreifendem Erdreich werden Stahlrohre geliefert, die mit einem inneren und äußeren bituminösen Grundanstrich versehen sind und außerdem mit gut imprägnierten Wollfilzpappestreifen umwickelt sind. Zum Schutz gegen Sonnenbestrahlung werden diese so umwickelten Rohre gekalkt oder mit Talkum bestreut. Ein auf diese Weise isoliertes Rohr hat folgenden Querschnitt (Bild 13).

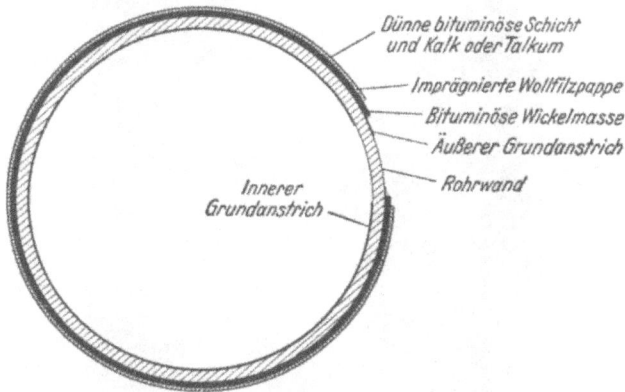

Bild 13.

8. Die Verbindung der Stahlrohre

a) Durch Muffen. Wir unterscheiden normale Muffen für Bleidichtung, Hochdruckmuffen für Bleidichtung, starre und nachgiebige Muffen für Bleidichtung. Bei der Bleiknappheit in Kriegszeiten finden Stahlmuffenrohre seltener Verwendung, man wählt deshalb, besonders bei Ferngasleitungen die Verbindung

b) durch Schweißmuffen. Das einfachste Verfahren ist die Stumpfschweißverbindung und die normale Schweiß-

muffenverbindung. Sie bieten jedoch im allgemeinen keine
vollkommene Sicherheit bei jeder Beanspruchung.

Man hat deswegen sog. Sicherheitsschweißmuffen-
verbindungen geschaffen, von denen die von den Vereinigten

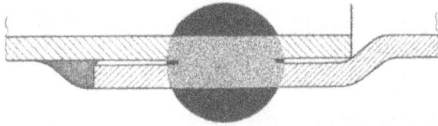

Bild 14.

Stahlwerken herausgebrachte Sicherheitsschweißmuffe mit
Löchern für Schweißpfropfen »Bauart Strenger« Bild 14 gezeigt wird. Das folgende Bild 15 zeigt die besonderen Vor-

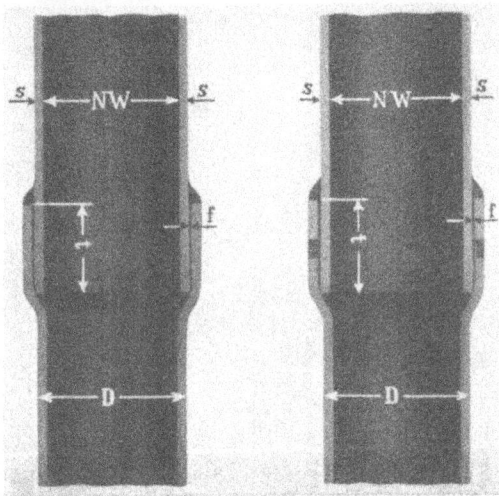

Bild 15.

züge dieser Schweißverbindung und die absolute Gleichmäßig-
keit des Gefüges der Verbindung zwischen Schweißung und
Rohr.

Von den verschiedenen Sicherheitsschweißmuffenverbin-
dungen soll noch die Bauart »Klöpper« erwähnt werden, die in
den Bildern 16 bis 18 veranschaulicht ist.

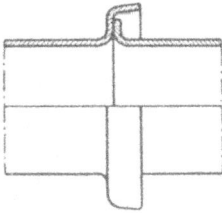 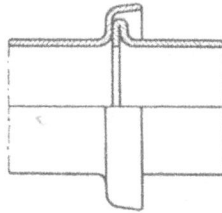 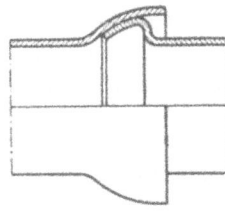

Bild 16.   Bild 17.   Bild 18.

Beim Bau von Rohrleitungen für die Gas- und Wasserfern-
versorgung werden diese Klöppermuffen wegen ihrer vollkommenen Betriebssicherheit auch bei hohen Drucken vorzugs-
weise verwandt. In Bergbaugebieten und Gegenden mit ähnlichen unsicheren Bodenverhältnissen sind sie unentbehrlich.

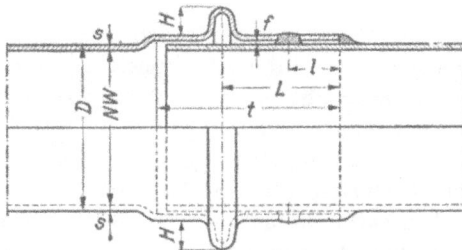

Bild 19.

9. Entspannungswellen und Ausdehnungsstopfbüchsen

Entspannungswellen haben den Zweck, größere Spannungen in den Rohrleitungen auszugleichen, die infolge erheb-
licher Temperaturschwankungen oder Bodenbewegungen auftreten können. Eine solche Entspannungswelle zeigt
Bild 19.

Den gleichen Zweck wie die Entspannungswellen haben die
Ausdehnungs-Stopfbüchsen mit Flanschsicherung,
von denen ein Beispiel in Bild 20 wiedergegeben ist.

10. Stahlmuffenformstücke

In gleicher Weise wie bei den Gußrohrleitungen werden
auch bei Stahlröhren Formstücke eingebaut, von denen einige
Sinnbilder und Benennungen wiedergegeben werden. Sie dienen

dem Zweck, Anschlüsse an Grundstücke und Gebäude zu schaffen oder sie vermitteln die Verbindung der nahtlosen Stahlmuffenröhren mit schon bestehenden Gußrohrleitungen.

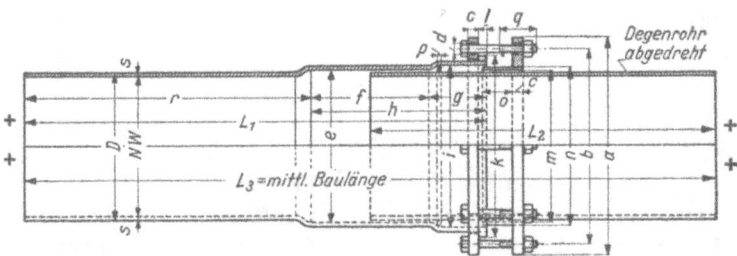

Bild 20.

11. Schmiedeeiserne Röhren

Schmiedeeiserne Röhren werden heute auch kurzweg Stahlröhren genannt, unterscheiden sich jedoch von den bisher beschriebenen Stahlmuffenröhren dadurch, daß sie miteinander verschraubt werden. Die Verbindungsstücke werden Fittings genannt und aus Temperguß hergestellt.

Für Hausleitungen (Privatgasleitungen) verwendet man schwarze schmiedeeiserne Rohre, die entweder nach dem Verfahren von Mannesmann nahtlos gezogen oder stumpf bzw. überlappt geschweißt hergestellt sind. Die gebräuchlichsten schmiedeeisernen Röhren sind in nachstehender Zahlentafel zusammengestellt:

Lichter Durchmesser		Äuß. Durchm. in mm	Gewicht pro laufd. m in kg
Zoll engl.	mm		
$^1/_8$	3,18	10	0,60
$^1/_4$	6,35	13,5	0,70
$^3/_8$	9,53	16,5	0,82
$^1/_2$	12,70	20,5	1,18
$^3/_4$	19,05	26,5	1,75
1	25,40	33,5	2,45
$1^1/_4$	31,75	41,5	3,6
$1^1/_2$	38,10	48	4,5
$1^3/_4$	44,50	51,5	5,3
2	50,80	59	6,0
$2^1/_4$	57,15	69	7,1
$2^1/_2$	63,50	76	8,2
$2^3/_4$	69,85	·82	9,0
3	76,20	88,5	10,1
$3^1/_2$	88,90	102	11,5
4	101,60	114	13,5

Normale Formstücke für Rohrleitungen

Bild	Sinnbild	Benennung	Kurz-zeichen
		Muffenstück mit Flanschstutzen	A
		Muffenstück mit zwei Flanschstutzen	AA
		Muffenstück mit Muffenstutzen	B
		Muffenstück mit zwei Muffenstutzen	BB
		Muffenstück mit Muffenabzweig	C
		Muffenstück mit zwei Muffenabzweigen	CC
		Flanschmuffenstück	E
		Einflanschstück	F
		Einflanschstück mit Flanschstutzen	FA

Ver. Stahlwerke

Von 2″ (50 mm l. W.) an aufwärts werden die Rohre grundsätzlich nahtlos gezogen geliefert. In feuchten Räumen oder da, wo die Rohrleitungen verdeckt bzw. so verlegt werden müssen, daß sie später nicht oder nur schwer zugängig sind, verwendet man verzinkte schmiedeeiserne Röhren. In Kriegszeiten begnügt man sich auch wohl in solchen Fällen mit einem Asphaltanstrich.

IV. Verlegung von Gasleitungen

A. Im Rohrgraben

Die Hauptrohrleitungen werden in einem Rohrgraben verlegt, dessen Breite von der Dimension des zu verlegenden Rohres abhängt, sie schwankt zwischen 600 und 800 mm bis zu 1000 mm. Bei schlechter Bodenbeschaffenheit ist auf sorgfältige Abstützung mit Steifhölzern und starken Brettern zu achten. (§ 248 ff. der Unfallverhütungsvorschriften der Berufsgenossenschaft der Gas- und Wasserwerke.)

Die Tiefe des Rohrgrabens richtet sich nach den Bodenverhältnissen. Bei gutem, trockenem Boden legt man das Rohr 1 m tief, bei schlechtem, wasserhaltigem Boden legt man die Rohre nur so tief, daß sie nicht im Grundwasser liegen. (Deckung 600 bis 700 mm.)

Das Erdmaterial ist längs des Rohrgrabens so zu lagern, daß auf der einen Seite das Material der Straßendecke wie Schotter, Kies, Stück- und Pflastersteine, auf der andern Seite des Grabens das darunter ausgehobene Material zu liegen kommt. Bild 21 veranschaulicht das Gesagte.

Die Rohre von geringerem Durchmesser werden von zwei Leuten in den Graben hinuntergelassen. Solche von größeren Dimensionen muß man unter Beachtung der Unfallverhütungsvorschriften mit starken Tauen oder von etwa 400 mm l. W. aufwärts mittels eines Rohrlegebockes verlegen. Sehr zweckmäßig ist die Verwendung einer auf Schienen fahrbaren Rohrwinde, mit welcher das Verlegen großer und schwerer Rohre noch leichter und schneller geht als mit dem Rohrlegebock.

1. Wassertöpfe

An der tiefsten Stelle der Rohrleitung werden Wassertöpfe zur Aufnahme von Kondenswasser eingebaut. Bild 22

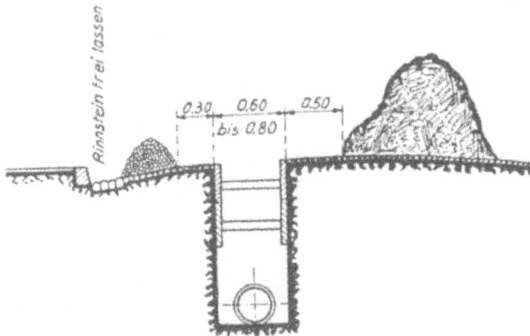

Bild 21.

zeigt die Anordnung solcher Wassertöpfe und veranschaulicht
gleichzeitig die Feststellung des Gefälles mit Richtscheit und
Kanalwaage.

Die Wassertöpfe sind, wie Bild 23 zeigt, gußeiserne zylindrische Behälter mit zwei seitlichen Muffen und einem oberen

Bild 22.

Flanschendeckel, welcher bei neueren Konstruktionen einen
Anschluß für das Auspumprohr hat.

Dadurch, daß der obere Teil eng, der untere Teil, der Was-
serraum, dagegen weit ist, erhält der Wassertopf einen festen
Stand.

2. Abhauen und Abschneiden der Rohre

Das Abhauen und Abschneiden der Rohre geschieht
entweder mit dem Kreuzmeißel oder mit einem Rohrabschneider, der sich besonders für große Dimensionen eignet. Diese
Rohrabschneider sind in ihrer Konstruktion verschiedenartig
gebaut, je nachdem es sich um das Abschneiden von Gußrohr
oder Stahlrohr handelt.

3. Das Prüfen der Leitungen

Das Prüfen der Leitungen auf Dichtigkeit geschieht, nachdem ein Rohrstrang von einer gewissen Länge fertiggestellt ist. Man verschließt zu diesem Zweck die Enden der Rohrleitung und schließt an das eine Ende eine Luftpumpe an mit einem Manometer, welches dem Prüfdruck entspricht. Der Prüfdruck ist, je nachdem es sich um eine Ferngasleitung oder um eine Stadtgasleitung handelt, verschieden. Maßgebend hierfür sind die TVR bzw. die Vorschriften des betreffenden Gaswerkes.

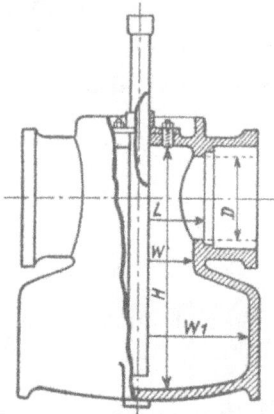

Sehr wichtig ist das Entfernen der Luft nach beendeter Prüfung, um zu verhindern, daß beim Anzünden durch ein Gemisch von Luft und Gas eine Explosion entsteht. Das geschieht dadurch, daß man sich an den Öffnungen von der Reinheit des Gases überzeugt.

Bild 23.

4. Rohrverlegungen unter Druck

Bei Rohrverlegungen unter Druck oder bei Veränderungen im Rohrnetz sperrt man die Leitung mit Hilfe einer Tierblase oder eines Gummiballons ab. Man bohrt zu diesem Zwecke die Leitung an und bringt den Ballon oder die Blase im zusammengelegten Zustande durch das Loch in das Rohr hinein, bläst die Blase auf und verschließt die Blasenöffnung mit einem eingebundenen Schlauchhahn. Bild 24 zeigt eine solche eingebaute Blase.

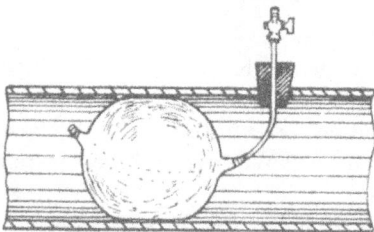

Bild 24.

5. Kreuzungen mit Kanälen

Kreuzungen mit Kanälen erfordern besonders sorgfältige Arbeit. Man hat darauf zu achten, daß der Wasserquerschnitt des Kanals nicht verengt wird. Es muß über dem Gewölbe des Kanals soviel Platz vorhanden sein, daß das Gasrohr wenigstens $\frac{1}{2}$ m Deckung erhalten kann. Andernfalls ist es ratsam, die Rohrleitung unter der Kanalsohle durchzuführen. Beide Ausführungen bedingen die Aufstellung eines Wassertopfes in der Nähe des Kanals.

Ebenso sorgfältig hat man bei Fluß-, Bach-, Bahn- und ähnlichen Kreuzungen zu verfahren. Ist eine Brücke vorhanden, so wählt man zweckmäßig die Befestigung des Rohres an der Brückenkonstruktion. Hierbei ist darauf zu achten, daß die Erschütterungen durch Fuhrwerke oder Eisenbahnzüge für das Rohr nicht so fühlbar sein dürfen, daß Undichtigkeiten vorkommen können. Man baut deshalb an beiden Seiten der Brücke Ausdehnungs- oder Kompensationsstücke ein. Wichtig ist ferner, daß frei an der Brücke liegende Leitungen im Winter nicht einfrieren dürfen. Um dies zu verhindern, umgibt man das Rohr mit einem Schutzrohr und füllt den Luftzwischenraum mit Glaswolle oder einem anderen Kälteschutzmittel aus.

Rohrleitungen, die in das Bett eines Wasserlaufes gelegt werden müssen, erfordern den Einbau eines Dükers. Solche Arbeiten sind mehr oder weniger kostspielig und erfordern sorgfältige Vorbereitungen. In vereinzelten Fällen und bei kleinen Flußläufen in einem ebenen Gelände kommt man zum Ziel, wenn man das Flußbett für die Zeit des Rohreinbaues umlegt und nachher das Wasser wieder in das alte Flußbett zurückführt.

6. Der Rohrnetzplan

Die Anfertigung des Rohrnetzplanes ist Angelegenheit der Gaswerksleitung und bedarf eines genauen Ausmaßes. Der Rohrleger muß hierbei mitwirken und durch Maßskizzen die Lage der Rohre, Abzweige, Anschlüsse u. dgl., sowie die Lage des Gasrohres zu anderen Leitungen, Kanalisationsrohre, Wasserrohre, Stark- und Schwachstromkabel usw. festlegen können.

Als Beispiel führen wir die Maßskizze einer ausgeführten Rohrleitung an (Bild 25).

B. Der Hausanschluß

Der Anschluß vom Stadtrohrnetz an die Gebäude ist ein
Teil des städtischen Rohrnetzes und daher Angelegenheit des
Gaswerkes. Der Rohrdurchmesser der Anschlußleitung richtet

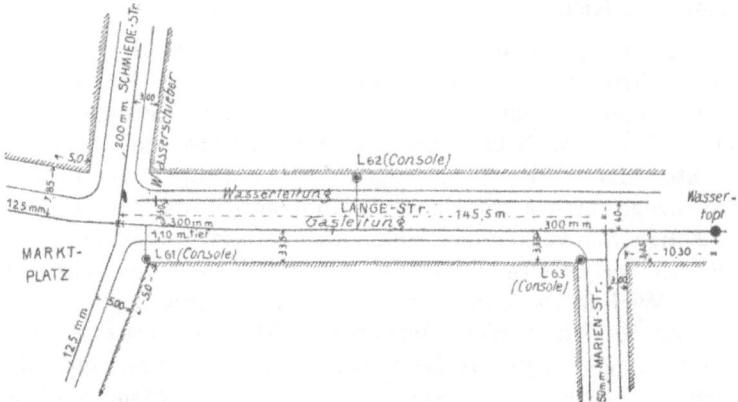

Bild 25.

sich nach der Größe der Belastung, er wird so groß zu wählen
sein, daß spätere Erweiterungen möglich sind.

Die Anschlußleitung muß nach dem Hauptrohr hin Ge-
fälle haben, um das sich bildende Kondenswasser nach dorthin
abzuleiten. Die Durchführung durch das Mauerwerk hat mit
einem Futterrohr zu geschehen, damit die Leitung sich frei
ausdehnen kann. Zum Zwecke der Reinigung der Gasleitung

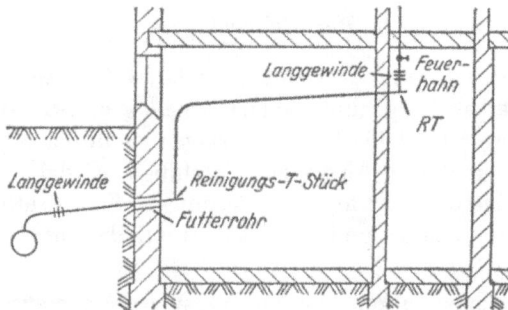

Bild 26.

von Rost und Naphthalin muß, wie die Skizze zeigt, ein Reinigungs-T-Stück eingebaut werden. Zur Hauptabsperr-vorrichtung, auch Feuerhahn genannt, gehört ein Langgewinde. Den Einbauplatz bestimmt das Gaswerk. Im übrigen sind über die Ausführung des Hausanschlusses Einzelheiten in den TVR festgelegt. (Bild 26)

Der Anschluß an die Hauptleitung geschieht mit einem Anbohrapparat, wenn er nachträglich an die bereits vorhandene Gasleitung erfolgen soll. Handelt es sich jedoch um

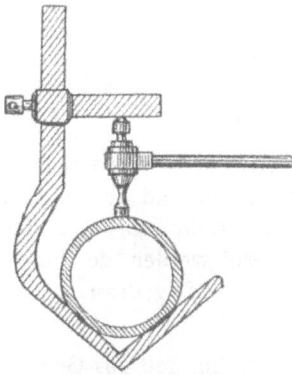

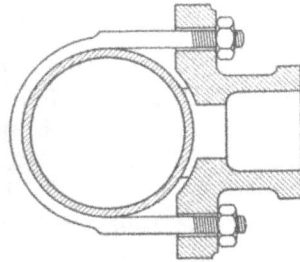

Bild 27.   Bild 28.

ein neu herzustellendes Netz, dann setzt man in die Hauptrohrleitung ein Formstück (B-Stück) ein. Bild 27 zeigt einen Anbohrapparat, der aus einem Bohrbügel mit verstellbarem Querstück und einer Bohrknarre besteht. Nach Fertigstellung des Bohrloches wird um das Rohr eine Rohrschelle oder Sattelmuffe gelegt, an welche die Zuleitung angeschlossen wird.

Eine solche Schelle ist im Bild 28 wiedergegeben. Sie besteht aus einem gußeisernen Bügel, welcher durch ein schmiedeisernes Band, dessen Enden mit Schraubgewinden und Muttern versehen sind, auf dem Rohre befestigt wird. Man kann auch die Hauptleitung direkt durch die Anbohrschelle hindurch anbohren, die Bohrstange herausziehen und die Zuleitung mit Gashahn anschließen. Auch unter Druck sind solche Anschlüsse ohne große Schwierigkeiten zu machen.

Als Material für die Zuleitungen zum Grundstück, Gebäude, verwendet man je nach dem Anschlußwert guß-

eiserne, starkwandige Stahlröhren oder verzinkte Rohre, die
mit einer schützenden Umhüllung umgeben sind.

C. Die Verlegung von Gasleitungen in den Gebäuden

Für Gasleitungsrohre in den Gebäuden kommt als Werkstoff Schmiedeeisen zur Verwendung, wie bereits im Kapitel
»Stahlröhren« gesagt. Man hat auch vereinzelt Aluminium-
rohre verwendet; ein abschließendes Urteil kann jedoch
zur Zeit noch nicht abgegeben werden.

1. Vor der Verlegung

Vor der Verlegung hat der Gaseinrichter darauf zu
achten, daß das Rohr freien Durchgang hat und daß es dicht
ist. Man bläst hindurch und saugt das Rohr an. Von abge-
schnittenen Rohren muß der Grat entfernt werden, der für den
Gasdurchgang einen Widerstand und infolgedessen einen
Druckverlust bedeuten würde.

Es ist weiter sorgfältig darauf zu achten, daß das Gewinde
sauber und gerade geschnitten ist. Die Gewindelänge soll
gleich der halben Muffenlänge sein. Ist das Gewinde zu kurz,
dann kann die Verbindung leicht undicht werden, ist das
Gewinde zu lang, so ragt das Rohr zu weit in das Verbindungs-
stück hinein, ein unerwünschter Druckverlust ist die Folge.

2. Bei der Verlegung

Bei der Verlegung kann es notwendig sein, das Rohr zu
biegen. Hierbei hat der Rohrleger darauf zu achten, daß die
Schweißnaht an der Seite, also in der neutralen Zone liegt,
damit sie beim Biegen nicht aufplatzt. Werden nahtlose Rohre
verlegt, so entfallen diese Hinweise. Das Dichten der Rohr-
verbindungen geschieht mit einer Masse, die nicht hart wird,
sie wird ganz dünn auf das Außengewinde aufgetragen. Sodann wickelt man Hanffäden um das Gewinde herum und
brennt die überstehenden Fäden nach Fertigstellung der Verbindung ab.

3. Die Befestigung der Rohre

Die Befestigung der Gasrohre geschieht im allgemeinen durch Rohrhaken, in feuchten Räumen sollen die Gasleitungen immer in Rohrschellen verlegt werden. Als Abstand wählt man bei Leitungen bis 25 mm l. W. 1,5 m, bei stärkeren Leitungen 2,00 m von Schelle zu Schelle. Ganz starke Leitungen unterstützt man aus Sicherheitsgründen durch in das Mauerwerk eingesetzte L- oder T-Eisen. Bei der Verlegung der Rohre auf Putz muß man bei feuchten Wänden auf einen genügenden Abstand achten; bei Unterputzanlagen ist die Verkleidung der Mauerschlitze mit Blech oder Holz erforderlich, damit die Rohre zugänglich sind. Innerhalb von Mauer- und Decken. durchführungen dürfen keine Rohrverbindungsstellen liegen-

Vielfach werden Decken, insbesondere Balkendecken mit Koksasche ausgefüllt. Gasrohre, die innerhalb solcher Decken liegen, sind ganz besonders sorgfältig zu isolieren, damit sie von der in der Koksasche enthaltenen Säure nicht zerstört werden.

Am Ende einer waagerechten und senkrechten Gasleitung empfiehlt es sich, ein T-Stück einzubauen und an geeigneten Stellen ein Langgewinde einzusetzen, um die Möglichkeit einer späteren Erweiterung zu haben. Wassersäcke ordnet man grundsätzlich bei Umgehung von Unterzügen an. Zu beachten ist, daß ein Wassersack am Ende einer Steigeleitung, die unter Putz geführt ist, ein genügend langes Rohrstück erhält, damit die Zugänglichkeit gegeben ist. Eine solche Anordnung erleichtert die Reinigung des Gasrohres.

4. Prüfung und Inbetriebsetzung einer Gasanlage

Eine Prüfung der Gasleitung soll nicht erst nach Fertigstellung, sondern zweckmäßigerweise bei der Verlegung Stück um Stück erfolgen. Die Prüfung kann so vorgenommen werden, daß man an einem T-Stück einen Schlauch anbringt, der in ein mit Wasser gefülltes Glas eintaucht. Die Leitung wird vollkommen verschlossen und Luft eingeblasen, und zwar solange, bis Gleichgewicht zwischen Luftdruck und Wassersäule besteht und das Ausströmen von Luft aufhört.

Die Gasleitung ist dicht, wenn am Ende des Schlauches eine Luftblase hängen bleibt. Sie ist undicht, wenn das Wasser im Glasröhrchen steigt, und zwar entsprechend der Stärke der Undichtigkeit schneller oder langsamer.

Bild 29 veranschaulicht den Vorgang bei der Dichtigkeitsprüfung.

Man kann auch einen Schlauchhahn und mit diesem ein Manometer, welches bis zur Vollendung der Einrichtung sitzen bleibt, an die Leitung anschließen und von Zeit zu Zeit die Dichtigkeit prüfen.

Die Prüfung einer fertigen oder in Gebrauch befindlichen Leitung auf Dichtigkeit geschieht am besten mit dem Gaszähler unter Beobachtung des Literzeigers.

Undichtigkeitsprüfungen. Bestehende Undichtigkeiten sucht man am besten, indem man die Verbindungsstellen der Rohre mit Seifenwasser einpinselt und Luft in die Leitung drückt. An den undichten Stellen entstehen dann Seifenblasen.

Es ist eine Unsitte, Undichtigkeiten an gasgefüllten Leitungen dadurch zu ermitteln, daß man sie ableuchtet. Abgesehen davon, daß es strengstens verboten ist, mit offener Flamme abzuleuchten (siehe TVR Ziff. 23), kann sehr leicht eine Explosion entstehen, da ja inzwischen Gas in den betreffenden Raum eingeströmt ist.

Die Inbetriebsetzung einer Gasanlage hat unter Anwendung aller Vorsichtsmaßnahmen zu erfolgen:

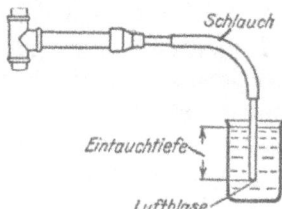

Bild 29.

1. Die Anlage muß vom Gaswerk für dicht befunden und abgenommen sein.

2. Vor dem Einlassen von Gas ist durch Druckmessung festzustellen, ob ein Auslaß offen ist.

3. Hiernach ist die in den Leitungen enthaltene Luft durch Gas auszublasen.

4. Es ist während der Inbetriebsetzung für genügende Lüftung der Räume zu sorgen. Fenster öffnen.

5. Feuer, offenes Licht usw. sind fernzuhalten.

Erst dann darf die Anlage in Betrieb genommen werden.

Arbeiten an gasführenden Leitungen sowie das Reinigen der Gasrohre erfordern ebenfalls Vorsicht. Stets ist vor Beginn einer Reparaturarbeit der Haupthahn zu schließen, der Hahnschlüssel abzunehmen und der Hahn solange geschlossen zu halten, bis sämtliche Öffnungen, durch die Gas ausströmen könnte, gasdicht geschlossen sind.

Das Reinigen des Gasrohres von Rost und Naphthalin hat durch Ausblasen mit Luft, Stickstoff oder Kohlensäure, nicht mit Sauerstoff, zu geschehen.

Es ist beim Ausblasen darauf zu achten, daß die Ausblaserichtung nie vom weiten ins enge Rohr, sondern vom engeren Rohrquerschnitt zum weiteren gewählt wird.

Gasmesser, Gasfeuerstätten und andere Gasgeräte dürfen bei dieser Reinigung nicht verunreinigt und beschädigt werden, deshalb trennt man sie ab und verschließt die Auslässe.

5. Technische Vorschriften und Richtlinien

Es ist schon an verschiedenen Stellen dieses Buches auf die vom Deutschen Verein von Gas- und Wasserfachmännern e. V. im Einvernehmen mit dem Reichsverband im Installateur- und Klempnergewerbe e. V., Berlin, herausgegebenen Technischen Vorschriften und Richtlinien (DVGW—TVR) für die Versorgung von Gebäuden mit Niederdruckgas hingewiesen worden. Kein Rohrleger und Gaseinrichter sollte es versäumen, nach diesen TVR zu arbeiten und sie in allen Teilen sorgfältigst zu beachten. Jeder bei den Gaswerken zugelassene selbständige Installateur muß eine schriftliche Erklärung über die Anerkennung der TVR abgeben und bestätigt damit, daß diese Vorschriften die Grundlage für die von ihm auszuführenden Gasanlagen sind.

Auch für die beeidigten Sachverständigen bilden die TVR die Unterlagen bei gerichtlichen Austragungen zivilrechtlicher oder strafrechtlicher Art. Sie haben mithin ebenso wie z. B. die VDE-Vorschrift amtlichen Charakter.

V. In die Gasleitung einzuschaltende Apparate

1. Absperrorgane

Je nach dem Druck, unter welchem das Gas in den Rohrleitungen sich fortbewegt, sind auch die Absperrorgane verschieden. Wir unterscheiden solche für Hochdruck- und Niederdruckgas. Für die ersteren wird Stahl der geeignete Werkstoff sein, während für Niederdruckgas Gußeisen und Messing genügt.

Im Rohrnetz und in den Außenleitungen großer Dimensionen, etwa bei solchen von 3″ an aufwärts, kommen Absperrschieber zur Anwendung.

Bild 30 zeigt einen Gasschieber der Fa. Bopp & Reuther, G. m. b. H., Mannheim, mit flachem Gehäuse mit Bockaufsatz (Schnellschlußschieber) in normaler Ausführung in der Ansicht und im Schnitt.

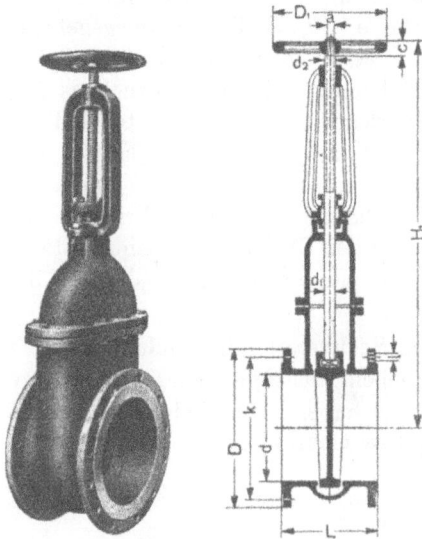

Bild 30.

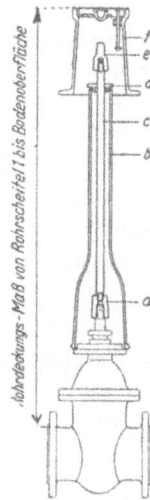

Bild 31.

Da die im Rohrnetz eingebauten Absperrschieber in der Erde liegen, gehört dazu eine Einbaugarnitur, die in Bild 31 wiedergegeben ist. Sie besteht aus:

a = Rundschoner (Kuppelmuffe),
b = Hülsrohr,
c = Schlüsselstange,
d = Hülsrohrdeckel,
e = Vierkantschoner auf Schlüsselstange,
f = Straßenkappe.

Absperrhähne. Nach dem Eintritt der Gaszuleitung in das Gebäude wird der Gashaupthahn (Feuerhahn) eingebaut, der ein Konushahn ist und aus Messing besteht. Sie haben normalerweise beiderseits Muffen mit Sechskant am Gehäuse und einen Konus mit Vierkant und losem Schlüssel. Der Durchgang entspricht dem des Gasrohres und ist entweder rund oder oval.

In Bild 32 ist ein solcher Gas-konushahn abgebildet. Andere Modelle, solche mit oberen Anzugschrauben oder mit Verschraubung einerseits, finden seltener Verwendung. Gaskonushähne für Anbohrapparate haben einerseits Außen-, anderseits Innengewinde.

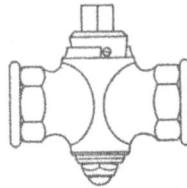

Bild 32.

2. Die Gasmesser (Gaszähler)

Die Gaszähler haben die Aufgabe, den Verbrauch an Gas festzustellen, und zwar derart, daß das Gaswerk in der Lage ist, hiernach dem Konsumenten die Rechnung für die verbrauchte Gasmenge auszustellen. Daß die Zähler stets in gutem Zustand erhalten werden müssen, ist eine der Hauptaufgaben der Gaswerksverwaltungen. (Systematische Prüfungen.)

Im Laufe der Jahre ist eine ganze Reihe von Konstruktionen auf den Markt gekommen, die teilweise überholt, teilweise verbessert worden sind. Es sollen hier nur die wesentlichsten Unterschiede in der Bauart und die Arbeitsweise des Gaszählers beschrieben werden.

Man unterscheidet nasse und trockene Gaszähler.

a) Nasse Gaszähler

Der Aufbau eines nassen Gaszählers geht aus den folgenden
Skizzen (Bild 33) hervor. In dem Gehäuse A ist die Trommel T
drehbar gelagert. Sie besteht aus vier gleich großen Meß-
kammern, von denen jede an der Vorderseite einen Schlitz
zum Eintritt, an der Rückseite einen solchen zum Austritt

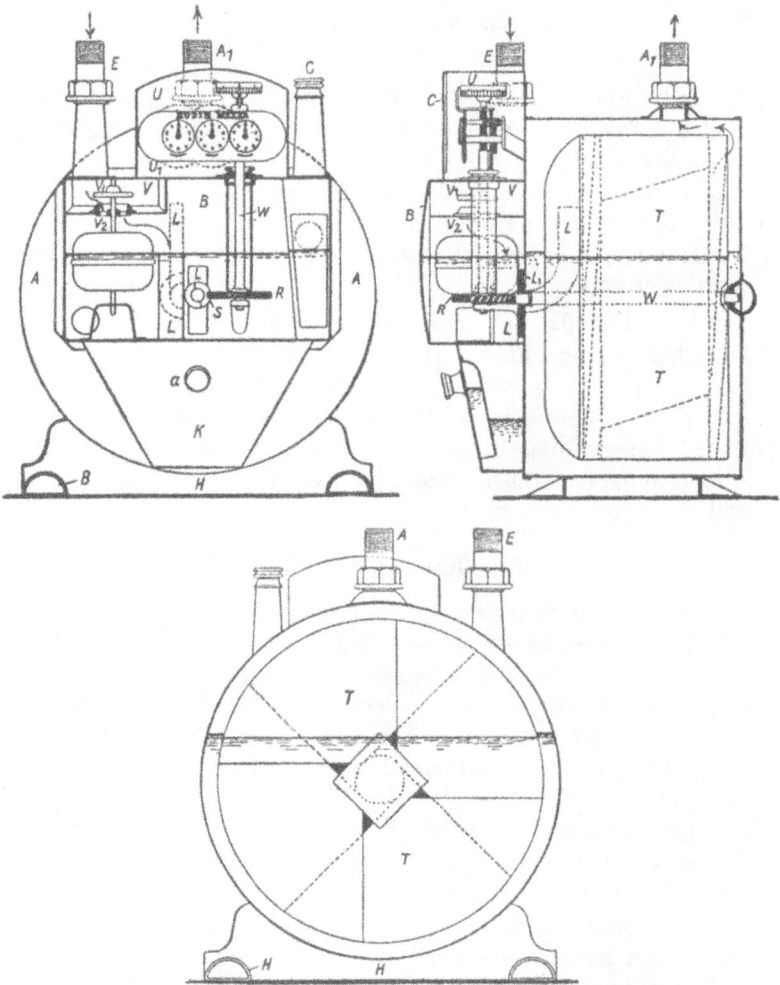

Bild 33.

,des Gases hat. Die Schlitze sind so angeordnet, daß das Gas
die Kammern nur durchströmen kann, nachdem sich die
Trommel durch die Druckdifferenz des zu- und abströmen-
den Gases entsprechend gedreht hat.

Die Umdrehungen der Trommelwelle W übertragen sich
auf das Uhrwerk U, welches die Gasmenge in Liter, Kubikmeter, 10 m³ und 100 m³ anzeigt. Von 10 flammigen Gaszählern an werden noch 1000, von 60 flammigen Zählern an
100 000 m³ registriert. Das so gemessene Gas entweicht
durch den Auslaß A_1.

Die Skizzen geben die Konstruktion eines nassen Gas-
zählers der Firma Elster, Berlin, wieder. Die Bauarten der
Gaszähler von J. Pintsch, A.-G., Berlin, L. A. Riedinger in
Augsburg, Schirmer, Richter & Co. in Leipzig sind im Prinzip
gleich, weichen nur in Konstruktionseinzelheiten und in den
Maßen etwas voneinander ab.

Voraussetzung für ein einwandfreies Arbeiten ist, daß der
Wasserstand die normale Höhe besitzt. Daher werden heute
die Messer mit konstantem Wasserstand hergestellt, was
durch einen Wasserstandsregulator erreicht wird.

Nasse Gaszähler in nicht frostsicheren Räumen müssen
entweder mit Schutzgehäusen und gegen Kälte mit schlechten
Wärmeleitern umgeben oder mit Glyzerin gefüllt werden.
Einige Firmen stellen Gaszähler mit mechanischen Schöpf-
einrichtungen für Ölfüllung her[1]). Es können zur Füllung alle
leichtflüssigen, säurefreien Öle verwendet werden.

Die nassen Gaszähler bringen durch ihre Konstruktion
und durch die Notwendigkeit des Nachfüllens von Wasser
oder Öl oft Betriebsstörungen mit sich. Außerdem sind die
Abmessungen größer als bei den trockenen Messern bei gleicher
Leistung.

b) Trockene Gaszähler

Der trockene Gaszähler besitzt diese Nachteile nicht.
Er kann unbedenklich an kalten Orten aufgestellt werden,
außerdem sind das richtige Messen und der ungestörte Gang
nicht von der waagerechten Aufstellung und einem bestimmten
Niveau der Flüssigkeit abhängig.

---

[1]) Die an kalten, ungeschützten Orten aufgestellt werden können.

Bild 34 zeigt das Innenteil eines trockenen Gaszählers der Firma Elster.

Er besteht aus dem gasdichten Gehäuse, den metallenen Meßgefäßen, dem Steuermechanismus und dem Zählwerk. Aus der Schnittzeichnung (Bild 35) ist zu erkennen, wie die in den Meßkästen befindlichen Ledermembranen sich bewegen und wie die Übertragung vom Steuermechanismus auf das Zählwerk erfolgt. Das letztere ist als Zeiger- oder Rollwerk ausgeführt und ist mit einer Sperre gegen Rückwärtsgang gesichert. Es ist also nicht

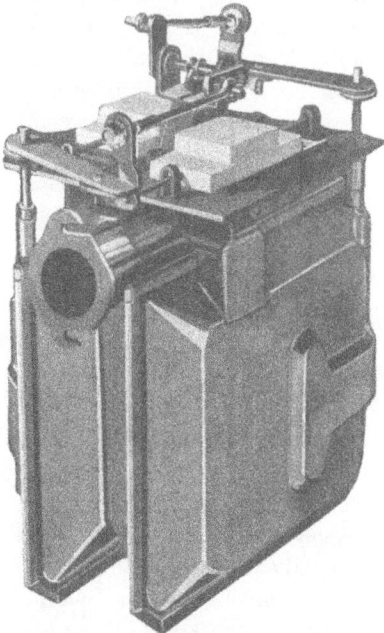

Bild 34.

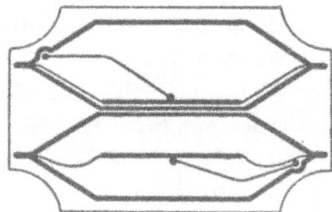

Bild 35.

möglich, durch Vertauschen von Eingang und Ausgang am Zähler ungezähltes Gas zu entnehmen.

Größe	Inhalt	Eichleistg.	Verschraubung lichte Weite	Gewicht	Maße in mm			
Nr.	Liter	m³/h	Zoll	ca. kg	a	b	c	d
H 00	2,0	2,25	³/₄	4,0	250	255	60	160
H 0	3,5	2,25	³/₄	4,7	250	335	70	185
H 1	5,0	6,0	1	6,1	250	350	70	185
H 2	10,0	12,0	1¹/₂	10,0	335	450	93	230

Die vorstehenden Angaben über Inhalt, Leistung und Maße beziehen sich auf trockene Haushaltsgaszähler der Fa. Ernst Eickhoff & Co., Wuppertal.

c) Münzgaszähler

Zur Vermehrung des Gaskonsums und zur Vereinfachung des Einziehens der Geldbeträge hat man seit vielen Jahren für Kleinkonsumenten oder für gemeinsam benutzte Räume, z. B. Waschküchen u. dgl., Gasautomateneinrichtungen geschaffen. Eine solche Einrichtung gestattet gegen Vorausbezahlung durch Einwurf einer entsprechenden Münze oder Wertmarke die Entnahme einer dem Wert der Münze gleichkommende Menge Gas und sperrt den weiteren Zufluß selbsttätig ab.

3. Die Wahl der Gaszählergröße

richtet sich nach der Größe des berechneten Anschlußwertes. Die Angabe erfolgt nach Flammen, wobei 1 Flamme = rund 150 l Gasverbrauch entspricht. Ergibt die Berechnung einen größten stündlichen Gasverbrauch von 3000 l, so ergibt sich die Gaszählergröße zu $\dfrac{3000}{150} = \mathbf{20\ Flammen.}$

Der kleinste Messer ist 3 flammig, er läßt also höchstens $3 \times 150 = 450$ l Gas in der Stunde hindurch.

4. Aufstellung der Gaszähler

Die Gaszähler sollen so aufgestellt werden, daß sie jederzeit bequem zugänglich sind und leicht abgelesen werden können. Ganz große Zähler wird man auf ein gemauertes oder betoniertes Fundament montieren. Mittlere Größen werden in der Regel auf Holzbretter, welche mit Bankeisen oder eisernen Konsolen zu befestigen sind, gesetzt. Kleine Gaszähler bringt man an verstellbaren Stützen an. Sehr vorteilhaft sind die in Bild 36 gezeigten Gasmesseranschlußplatten. Ihre Verwendung gestattet die Verlegung der gesamten Rohranlage einschließlich Anschlußplatte, so daß der Gaszähler erst bei Inbetriebnahme der Gasanlage angebracht zu werden braucht.

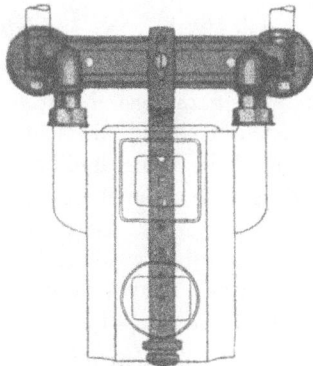

Bild 36.

Es kann auch sehr leicht ein Zähler ausgewechselt werden, z. B. bei Erweiterung der Anlage, ohne daß die Wand beschädigt wird, weil die Rohrwinkel in jede beliebige Lage geschwenkt werden können.

5. Hochleistungsgaszähler

Durch die großen Verbrauchsmengen, welche die gewerblichen und industriellen Gaseinrichtungen beanspruchen, erweisen sich die normalen Gaszähler für den jeweiligen Gebrauch als zu klein. Sie werden durch den hohen Gasverbrauch zu sehr überlastet und können das in der Zeiteinheit beanspruchte Gasquantum nicht hergeben. Außerdem belastet die Bereitstellung von größeren Typen die Gaswerke zu sehr mit Anlagekapital.

Es sind deshalb Mittel und Wege gefunden worden, um Hochleistungsgaszähler zu entwickeln und auf den Markt zu bringen. Man erhöhte die Drehzahl der Zähler und kam dabei bei gleichbleibender Leistung auf kleinere Abmessungen. Das bedeutet aber auch eine Preisverbilligung, die bei Gaszählern von 10 bis 200 Flammen 54 bis 33% ausmacht.

Wir sehen also, daß die Konstruktion der Hochleistungsgaszähler technische und wirtschaftliche Vorteile mit sich bringt.

6. Drehkolbengasmesser

Allgemeines.

Die Drehkolbengasmesser unterscheiden sich von den sog. nassen Gaszählern dadurch, daß sie vollkommen trocken arbeiten und von klimatischen Einflüssen weniger abhängig sind. Sie sind in ihrer heutigen Form aus dem amerikanischem Rootgebläse hervorgegangen und weiterentwickelt worden. Die Messung des Gases erfolgt rein volumetrisch, d. h. von den Drehkolben wird infolge deren Rotation ständig ein gleiches Gasvolumen ausgeschoben.

Die Messer sind von der Physikalisch-Technischen Reichsanstalt zu öffentlichen Verrechnungszwecken zugelassen und daher amtlich eichfähig.

Aufbau,

Das Bild 37 zeigt den Blick in einen Drehkolbenmesser. Das Gas durchströmt den Messer in seitlicher Richtung, wie dies bei Niederdruckmessern der Fall ist, während die Hochdruckmesser einen senkrechten Durchgang haben. Die Drehkolbenmesser werden heute in die Druckstufen 1, 6, 10, 16 und 25 atü eingeteilt. Der Niederdruckmesser wird bis 1 atü gebaut, darüber hinaus handelt es sich um Hochdruckmesser.

Bild 37.

Das Bild 38 zeigt einen fertig eingebauten Gasmesser für maximal 24 000 m³/h. Das Zählwerk ist an dem einen Gehäuseschild zu erkennen.

Lagerung.

Die Messer sind mit Wälzlagern ausgerüstet, wie aus Bild 37 zu ersehen ist, denn eines der Haupterfordernisse des Gasmessers ist die Leichtläufigkeit, welche durch die geringe Reibung der Wälzlager erreicht wird.

Der Kraftfluß erfolgt beim Drehkolbengasmesser in umgekehrter Richtung wie beim Gebläse. Der Gasstrom gibt soviel Energie an den Messer ab, als zum Zwecke der Überwindung von Ventilations- und Reibungswiderständen notwendig ist. Die Drehzahl der Drehkolbenwelle ist ein unmittelbares Maß für die durch das Gerät hindurchgehende Gasmenge. Von einer

Drehkolbenwelle wird das Zählwerk über ein mehrstufiges Über-
setzungsgetriebe angetrieben. Die durchfließende Gasmenge
wird in Kubikmetern bis auf die zweite Dezimalstelle genau
vom Zählwerk angezeigt. Der Meßfehler ist durch die Verwendung von Wälzlagern und die dadurch ermöglichte ge-

Bild 38.

ringste Bemessung des Spiels zwischen den Drehkolben untereinander und zwischen Drehkolben und Meßraum sehr klein
gehalten.

Meßgenauigkeit.

Der Druckverlust beträgt im Messer nur etwa 20 mm WS
bei Vollast. Aus den amtlichen Fehlerschaulinien für verschiedene Gasmessergrößen geht hervor, daß bei allen Bauarten der Meßfehler nie größer als etwa 0,4 % war. Da die
Eichordnung vorschreibt, daß der Fehler in den Grenzen
von ± 2 % liegen muß, ist also die Bedingung aufs beste
erfüllt.

Mengenumwerter.

Der Drehkolbengasmesser mißt das Gas in dem Zustand, in welchem es den Messer durchströmt. Es handelt sich um eine Volumenmessung, die unabhängig ist von Druck, Temperatur und Feuchtigkeit der Gase. Da es häufig erwünscht ist, den Zustand des Gases beim Durchströmen des Gasmessers zu berücksichtigen, werden viele Gasmesser mit einem Mengenumwerter versehen, welcher den augenblicklichen Gaszustand selbsttätig auf Normalkubikmeter (Nm^3), d. h. bezogen auf 0^0 C und 760 mm Hg, umwertet.

Bei dem Mengenumwerter ragt dessen Geberdose in den Gasstrom am Eingang zum Messer hinein. Er besteht aus zwei Hauptteilen, und zwar:

1. der eigentlichen Reduktionsvorrichtung,
2. der multiplikativ arbeitenden Zähleinrichtung.

Belastungsschreiber.

Auch dieses Gerät kann zusätzlich an die Drehkolbengasmesser angeschlossen werden. Der Belastungsschreiber gestattet durch Ausplanimetrierung eines Diagrammstreifens den Gasdurchgang innerhalb einer gewissen Zeit festzustellen. Auf dem durch ein Uhrwerk angetriebenen, ablaufenden Papierstreifen wird durch eine Schreibfeder der Gasdurchgang aufgezeichnet. Eine durch einen Synchronmotor angetriebene Scheibe dreht sich mit $n = 1$ pro Minute. Der Antrieb von der Drehkolbenmesserwelle wird durch Zahnräder zu einer Spindel ins langsame übersetzt, so daß bei der geringen Drehzahl auch nach jahrelangem Betrieb die Anzeige mit gleicher Genauigkeit erfolgt.

Das Bild 39 gibt den Stationsgasmesserraum eines Großgaswerkes wieder. Die von der Aerzener Maschinenfabrik G. m. b. H., Aerzen bei Hameln, gelieferten Drehkolbenmesser haben ihre Meßinstrumente auf einer Schaltbühne zentral vereinigt.

Die genannte Firma baut diese Gasmesser allein außer der Firma Pintsch-Berlin als Spezialität, hat die Drehkolbengasmesser aus den Erfahrungen des Drehkolbengebläses heraus

4*

entwickelt und ist infolgedessen Wegbereiter auf diesem Gebiet geworden.

Bild 39.

VI. Gasbeleuchtung

Das Gas spielt heute noch in der Straßenbeleuchtung eine große Rolle, während es zu Leuchtzwecken in Wohn- und Geschäftsräumen seltener Verwendung findet. Seit Jahrzehnten waren die Fachleute sich darüber klar, daß das elektrische Licht in der Bedienung praktischer ist. Aber auch in diesen weniger häufig vorkommenden Fällen muß der Gaseinrichter in der Lage sein, Gasbeleuchtungsanlagen richtig zu berechnen.

A. Lichttechnische Grundgrößen

1. Der Lichtstrom

Wir wissen, daß das Licht eine Energieform ist wie Wärme usw., und genau so wie wir die Leistung der Wärme berechnen und als Maßeinheit (Kalorie) ausdrücken können,

in gleicher Weise können wir eine Lichtquelle, das Gasglüh-
licht, nach der Lichtleistung bewerten. Die Lichtleistung
nennt man in der Lichttechnik den Lichtstrom und die
Maßeinheit des Lichtstromes ist das

Lumen (Lm).

Den trichterförmigen Raum, innerhalb dessen der Lichtstrom
ausgestrahlt wird, nennt man einen Raumwinkel. Man
mißt einen Raumwinkel, indem man sich um die Lichtquelle
eine Kugel mit dem Radius 1 m gelegt denkt und den Ober-
flächenausschnitt dieser Kugel berechnet. Ist dieser Ober-
flächenteil gerade 1 m² groß, so umschließt der Mantel des
Lichtkegels den Raumwinkel 1. Die ganze Kugeloberfläche
umschließt demnach den Raumwinkel $4\pi \times 1 = 12{,}57$.

2. Die Lichtmenge

Die Lichtmenge ist die geleistete Arbeit des Lichtes, das
Produkt aus Lichtstrom mal Zeit. Die Maßeinheit ist die
Lumenstunde (Lmh).

3. Die Lichtstärke

Die Lichtstärke ist die Dichte des Lichtstromes in einer
bestimmten Richtung. Die Richtung kann beliebig gewählt
werden, z. B. vorwiegend von oben nach unten wie bei der
Straßenbeleuchtung.

Die Maßeinheit der Lichtstärke ist die Hefner-Kerze
(HK).

Eine HK ist die Lichtstärke einer in unbewegter atmo-
sphärischer Luft bei 760 mm Barometerstand und 8,8 l Luft-
feuchtigkeit frei brennenden Flamme, die aus dem Querschnitt
eines mit Amylazetat gesättigten Volldochts aufsteigt, welcher
ein kreisrundes Neusilberdochtröhrchen von 8 mm innerem
und 8,3 mm äußerem Durchmesser und 25 mm freistehender
Länge ganz ausfüllt. Die Flamme muß vor der Messung
mindestens 10 min gebrannt haben und vom Rand des Docht-
rohres aus gemessen 40 mm hoch sein. Eine Abweichung
in der Flammenhöhe um 1 mm verursacht eine Abweichung
der Lichtstärke um etwa 3%.

Eine nach diesen Grundsätzen gebaute Lampe ist von Hefner-Alteneck konstruiert.

Die Instrumente, welche zur Abmessung der Lichtstärken leuchtender Körper dienen, werden Lichtmesser oder

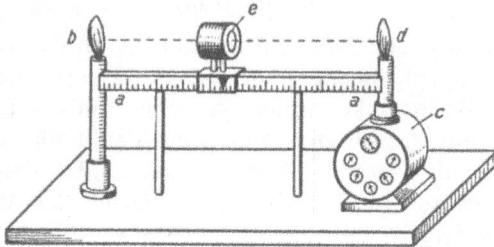

Bild 40.

Photometer genannt. Das bekannteste Photometer ist das Bunsenphotometer, welches im Bild 40 wiedergegeben ist.

Es ergibt sich nunmehr die

$$\text{Lichtstärke (HK)} = \frac{\text{Lichtstrom (Lm.)}}{\text{Raumwinkel (Zahl)}}.$$

Beispiel. Die mittlere räumliche Lichtstärke eines Gasglühlichtkörpers mit einem Lichtstrom von 1500 Lm ergibt:

$$\text{Lichtstärke} = \frac{1500}{4\,\pi} = \sim 120 \text{ HK}.$$

Wir beurteilen heute die Lichtquelle nach ihrer Leistung, d. h. nach ihrem Gesamtlichtstrom.

4. Die Beleuchtungsstärke

Fällt ein Lichtstrom auf eine Fläche, so wird diese Fläche beleuchtet. Die Einheit für das Maß der Beleuchtungsstärke auf der beleuchteten Fläche ist das Lux (Lx).

$$\text{Beleuchtungsstärke (Lx)} = \frac{\text{Lichtstrom (Lm.)}}{\text{Fläche (qm.)}}.$$

Beispiel. Der gesamte Lichtstrom von 1500 Lm des im vorigen Beispiel berechneten Gasglühlichtkörpers beleuchtet eine Fläche von 10 m². Durch den angebrachten Reflektor, der den Lichtstrom nach unten wirft, werden etwa 33⅓% absorbiert, d. h. ⅓ von 1500 Lm gehen verloren, so daß wir nur noch mit 1000 Lm rechnen können.

Mithin ist die

Beleuchtungsstärke auf der Fläche $= \dfrac{1000}{10} = 100\ \text{Lx.}$

Man mißt die Beleuchtungsstärke mit Hilfe eines Beleuchtungsmessers.

5. Die Leuchtdichte

Das Verhältnis der Lichtstärke in Richtung von der leuchtenden Fläche zum Auge zur scheinbaren Größe dieser Fläche heißt die Leuchtdichte. Also

$$\text{Leuchtdichte (HK/cm}^2) = \frac{\text{Lichtstärke (HK)}}{\text{scheinbare Fläche (cm}^2)}.$$

Die Maßeinheit ist Hefnerkerze pro cm² (HK/cm²).

Beispiel. Die Lichtstärke im vorigen Beispiel war zu 120 HK errechnet, und zwar war das die mittlere räumliche Lichtstärke. Die Projektion der Lichtquelle in Richtung auf den Beschauer mag 0,25 cm² betragen, das ist also die scheinbare Fläche.

Die Leuchtdichte unter Verwendung von klarem Glas würde mithin sein:

$$\text{Leuchtdichte} = \frac{120\ \text{HK}}{0{,}25\ \text{cm}^2} = 480\ \text{HK/cm}^2.$$

Verwendet man nun statt des klaren Schutzglases ein solches aus Opalglas, so vergrößert sich die leuchtende scheinbare Fläche, die Oberfläche des Glases, auf etwa 50 cm². Wir erhalten dann eine

$$\text{Leuchtdichte} = \frac{120\ \text{HK}}{50} = 2{,}4\ \text{HK/cm}^2.$$

B. Beleuchtungsgegenstände für die Innenbeleuchtung

1. Das Gasstehlicht

Die Entwicklung der Gasbeleuchtung begann mit der Erfindung des Glühkörpers durch Dr. Auer von Welsbach und führte zum Gasstehlicht. Viele Jahre hat man nur dieses Stehlicht und die entsprechend konstruierten Beleuchtungskörper gekannt. Sie sind heute veraltet, und es soll deshalb nur ganz kurz darauf eingegangen werden.

Ein Gasstehlicht-Beleuchtungskörper besteht aus dem Glühlichtbrenner und dem darauf befindlichen Glühkörper. Das Ganze wird zum Schutz des Glühkörpers mit einem Glaszylinder und einer Glasglocke umgeben.

Diese Konstruktion ist entstanden aus der alten Petroleumlampenbauart.

2. Das Gashängelicht.

Die Lichtverteilung beim Gashängelicht ist günstiger als beim Stehlicht. Der Wirkungsgrad wird dadurch, daß das zum Glühkörper strömende Gas durch die aufsteigenden Abgase vorgewärmt wird, verbessert.

Die folgende Schnittzeichnung (Bild 41) läßt den Aufbau eines Hängelichtkörpers der Fa. Ehrich & Grätz, Berlin SO 36,

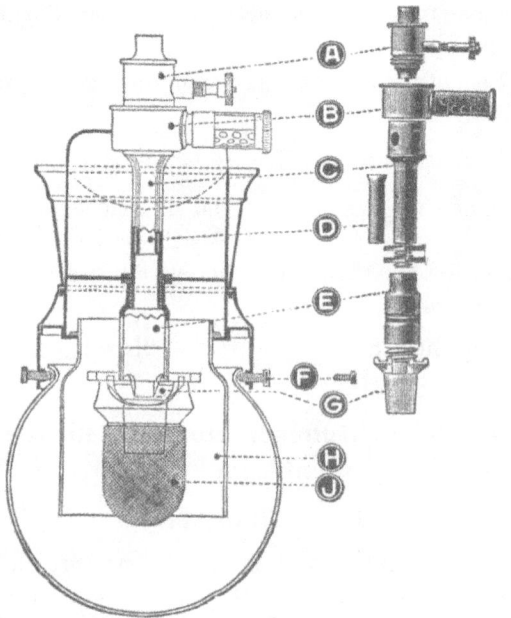

Bild 41.

A	Regulierdüse	F	Kranzschraube
B	Luftregulierung	G	Magnesia-
C	Düsenrohr		Mundstück
D	Strahlrohr		
E	Gaskammer m. Sieb	H	Zugzylinder
		I	Glühkörper

erkennen. Die Luft wird zwangsweise so geführt, daß sie sich nicht mit den Abgasen mischt. Hierfür sorgt der Zugzylinder. Diese Hängelichtkörper sind zu verwenden an Wandarmen oder Deckenpendeln.

Für die Innenbeleuchtung kommen hauptsächlich sechs verschiedene Brennergrößen in Betracht: ein normaler 100-HK-, ein 60-HK-, ein 30-HK- und für untergeordnete Zwecke ein 15-HK-Brenner sowie für größere Räume usw. ein 200-HK- und 300-HK-Brenner.

Für neuzeitliche Leuchten werden heute vorwiegend Gruppenbrenner gebaut, die auch bei Innenbeleuchtungen Verwendung finden. Der Vorteil besteht darin, daß man nach Bedarf eine oder mehrere Gruppen in Betrieb setzen und so die Leuchtstärke verändern kann. Bei Beschädigung einzelner Glühkörper sorgen die übrigen immer noch für eine gewisse Helligkeit. Außerdem besitzt der kleine Glühkörper eine größere Lebensdauer als der große.

C. Leuchten für Außenbeleuchtung

Wie bereits gesagt, ist das Gas für die Straßenbeleuchtung noch sehr verbreitet. Die Stadtverwaltungen haben große Werte in der Straßenbeleuchtung investiert und werden in absehbarer Zeit noch da, wo das Gas für die Städte billiger im Gebrauch ist als der elektrische Strom, bei der Gasbeleuchtung bleiben.

Die Bamag-Meguin-Aktiengesellschaft, Berlin, hat eine große Zahl von modernen Außenleuchten für die Straßenbeleuchtung entwickelt, von denen wir einige in den folgenden Abbildungen wiedergeben.

Bild 42 zeigt eine Aufsatzleuchte, 2- bis 6flammig, mit 1 oder 2 Glühkörpergruppen.

Andere Leuchten haben 6- bis 9flammige Gruppenbrenner mit 2 Glühkörpergruppen. Auch größere, 12- bis 15flammige Leuchten mit 2 Glühkörpergruppen werden gebaut.

Bild 43 gibt eine rahmenlose Vierkantleuchte der Bamag, Bauart Spremberg, mit 6- bis 9flammigem Gruppenbrenner mit 2 Glühkörpergruppen wieder.

1. Preßgasleuchten

Bild 44 zeigt eine Preßgasleuchte mit eingebautem Preß-
gasfernzünder für Hauptverkehrs- und Ausfallstraßen 2-, 3-
und 4 flammig mit 1 oder 2 Glühkörpergruppen.

Das Preßgaslicht erfordert einen Kompressor zur Erhöhung des Gasdruckes und hat vor der Preßluftbeleuchtung,
also vor der Beleuchtung, bei der das Gas unter normalem
Druck von 40 bis 50 mm WS
zugeführt, während die Luft
auf 1200 bis 1400 mm WS Druck
gebracht wird, den Vorzug, daß

Bild 42.

Bild 43.

nur eine Rohrleitung, nämlich die Preßgasleitung, notwendig ist, während die Preßluftbeleuchtung zwei Leitungen
benötigt.

Die Anwendung der Preßgasbeleuchtung empfiehlt sich
von 1000 HK an; es werden Lampen von 1000, 1500 und
2000 HK angefertigt.

2. Mechanische Zündungen für Straßenleuchten

Zur Vermeidung des lästigen Anzündens und Auslöschens
der Straßenlaternen, wofür früher viel Personal erforderlich

war, verwendet man heute fast nur noch mechanische Zünd-
vorrichtungen. Diese haben den Zweck, das Gas auf dem
Wege der Selbstzündung zum Zünden zu bringen. Sie werden

Bild 44.

Bild 45.

mit Hilfe einer vom Gaswerk gegebenen Druckwelle
betätigt und benötigen meist eine dauernd brennende Zündflamme.

Der Vorteil ist einleuchtend: Entsprechend der einbre-
chenden Dunkelheit können die Lampen früher oder später
angezündet werden.

Die Bamag fertigt die sog. Odaf-Zündvorrichtung an.
Hierbei fällt die Dauerzündflamme fort. Die Zündung geschieht durch einen vergiftungsfreien katalytischen Zünder
in Verbindung mit einem neuartigen Wärmefühler.

Bild 45 zeigt die Ausführung einer Hängeleuchte mit
Zeiß-Spiegel.

3. Brenndruckregler

Um den Brenndruck, der für die Straßenleuchte ein stets
gleichmäßiger sein muß, zu regeln, baut man in die Leuchte
einen sog. Brenndruckregler ein, der im Bild 46 im Schnitt

gezeigt wird. Er wird von der Bamag für Vordrücke bis 300 mm WS gebaut.

Die Gaswerke sind unablässig bemüht, durch Verstärkung des Rohrnetzes und Herstellung von Verbindungsleitungen innerhalb desselben Druckunterschiede und Schwan-

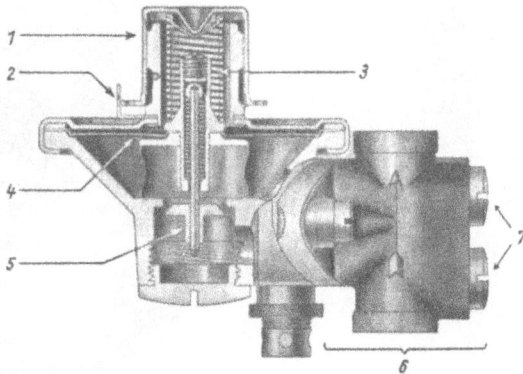

Bild 46.

kungen nach Möglichkeit zu verhüten. Diesem Zwecke dient der Bamag-Brenndruckregler. Er ist überall da zu empfehlen, wo sich ungleichmäßige Druckverhältnisse und infolgedessen zu großer Gaskonsum bemerkbar machen. Keinesfalls darf aber mittels solcher Einzelregler der Gaskonsum so weit herabgemindert werden, daß die Lichtwirkung der Gasflamme beeinträchtigt wird.

4. Gasfernzünder

Der Gasdruckfernzünder der Bamag wird von einer von der Gasanstalt gegebenen Druckwelle betätigt. Die Bauart ist so gewählt, daß willkürliche Schwankungen im Gasdruck innerhalb einer bestimmten Grenze auf den Apparat ohne Einfluß sind, so daß derselbe unter allen Umständen nur von der einen Welle betätigt wird, welche zu diesem Zweck vom Gaswerk aus gegeben wird.

Die Gasfernzünder werden in der Laterne unter dem Brenner eingebaut; sie können außer durch eine Druckwelle auch von Hand betätigt werden, und zwar innerhalb der

Laterne durch eine besondere Stellvorrichtung. Bild 47 zeigt den Bamag-Gasfernzünder im Schnitt.

Bild 47.

VII. Gas als Wärmeerzeuger

1. Verbrennungsvorgang

Zum Verbrennen benötigt man Sauerstoff, der entweder aus der Luft oder in reiner Form, wie beim Gasschmelzschweißen, gewonnen wird. Man kann diese Tatsache sehr leicht dadurch beweisen, daß man eine brennende Kerze auf einen mit Wasser gefüllten Teller stellt und ein Glas so darüber stülpt, daß dadurch ein Wasserabschluß hergestellt wird (Bild 48). Wir sehen, daß die Flamme bald kleiner brennt und die Kerze schließlich erlischt. Heben wir jedoch das Glas, dann kann Luft zutreten und die Flamme brennt weiter (Bild 49).

2. Vollkommene Verbrennung

In einem Volumenteil Luft sind enthalten

0,21 Volumenteile Sauerstoff (O_2),
0,79 Volumenteile Stickstoff (N),

während in einem Gewichtsteil Luft enthalten sind

0,233 Gewichtsteile Sauerstoff (O_2),
0,767 Gewichtsteile Stickstoff (N).

Der Stickstoff ist an der Verbrennung nicht beteiligt, sondern nur der in der Luft enthaltene Sauerstoff. Zur Verbrennung ist etwa die gleiche Menge Sauerstoff erforderlich wie Gas, man nennt diese Menge die theoretische Sauerstoffmenge. Um jedoch die Verbrennung vollkommen durchzuführen, so daß keine unverbrannten Gase entweichen können, muß ein gewisser Luftüberschuß vorhanden sein. Man rechnet etwa das 1,4fache des Sauerstoffs; infolgedessen muß man, da die

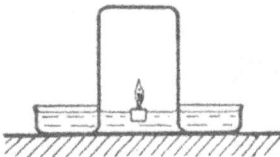 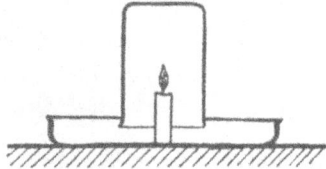

Bild 48.   Bild 49.

Luft nur aus etwa $^1/_5$ Sauerstoff besteht, $5 \times 1,4 =$ siebenmal soviel Luft dem Gas zur vollkommenen Verbrennung zuführen.

Die folgende Darstellung erläutert den Vorgang der Verbrennung von Steinkohlengas. Sie läßt erkennen, wie das Gas, die Verbrennungsluft und die Verbrennungsprodukte zusammengesetzt sind.

Im Gas sind die brennbaren Bestandteile in der Hauptsache Wasserstoff (H_2) und Kohlenwasserstoffe (CnHn). Zu den letzteren gehört Methan (CH_4). Von brennbaren Bestandteilen ist Kohlenoxyd (CO), von nicht brennbaren ist Kohlensäure (CO_2) und Stickstoff (N) vorhanden.

Von der Verbrennungsluft haben wir gesehen, daß der Teil der zugeführten Luftmenge, der zur Verbrennung nicht erforderlich ist, als »Luftüberschuß« bezeichnet wird. Den Einfluß, den der steigende Luftüberschuß auf die Heizgasmenge, die Verbrennungstemperatur, die Abgastemperatur und die Heizfläche bei der Verbrennung von Steinkohlengas ausübt, werden wir später zu besprechen haben.

3. Verbrennungsprodukte

Die Verbrennungsprodukte sind Wasserdampf (H_2O), welcher bei der Verbrennung des Sauerstoffs der Luft mit dem Wasserstoff des Gases entsteht, und Kohlensäure (CO_2), welche das Verbrennungsprodukt von Kohlenwasserstoffen und Kohlenoxyd ist.

Diese beiden Produkte, Wasserdampf und Kohlensäure, sind die eigentlichen Verbrennungsprodukte, wogegen Stickstoff und der überschüssige Sauerstoff der Luft an der Verbrennung unbeteiligt sind.

Das häufig sich bildende Schwitzwasser beim Betrieb von Gaswarmwasser- u. a. Geräten ist kondensierter Wasserdampf, der bei der Verbrennung entsteht. Bei den neueren Geräten ist durch eine sinnreiche Konstruktion die Schwitzwasserbildung entweder ganz vermieden oder doch zum größten Teil gemindert.

4. Untersuchung der Verbrennungsgase

Die Untersuchung der Verbrennungsgase geschieht durch die Analyse. Die Bestimmung von Kohlensäure, Sauerstoff und Kohlenoxyd geschieht meistens mit dem Orsatapparat. Man absorbiert die drei Stoffe durch verschiedene Flüssigkeiten und stellt die verschwundenen Volumina nach dem Waschen fest. Dadurch ermittelt man gleichzeitig die Volumenprozentsätze.

5. Einfluß des steigenden Luftüberschusses auf Heizgasmenge, Verbrennungstemperatur, Abgastemperatur und Heizfläche bei Verbrennung von Steinkohlengas

Die Zusammensetzung der Heizgase, die bei der Verbrennung von Steinkohlengas entstehen, haben wir kennengelernt. Die folgende Darstellung läßt erkennen, welche Heizgasmengen bei zunehmendem Luftüberschuß entstehen.

1. Zunahme der Heizgasmenge. Bei der Verbrennung von 1 m³ Steinkohlengas mit 5 m³ Luft entsteht ein Volumen, welches wir als Einheit der Verbrennungsprodukte zugrunde legen wollen. Sobald wir mit größerem Luftüberschuß arbeiten, wirkt dieser verdünnend, und die Heizgasmenge steigt im gleichen Verhältnis. (Bild 50)

2. Abnahme der Verbrennungstemperaturen. Da die Verbrennungsprodukte in allen Fällen gleich sind, so ist auch der Wärmeinhalt der Heizgase immer gleich. Er verteilt sich nur auf das größere Volumen. Umgekehrt muß also die Verbrennungstemperatur im gleichen Verhältnis sinken. (Bild 51)

3. Abnahme der Abgastemperaturen. Wenn für die Beheizung eines Gasofens in allen Fällen 85 bis 90% des Wärmeinhalts der Heizgase nutzbar gemacht werden sollen, so müssen die Heizgase um so weiter herabgekühlt werden, je größer der Luftüberschuß, d. h. je niedriger die Verbrennungstemperatur ist. (Bild 52)

Bild 50.

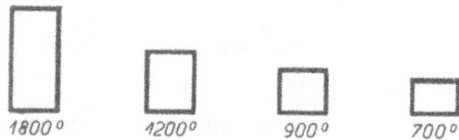

Bild 51.

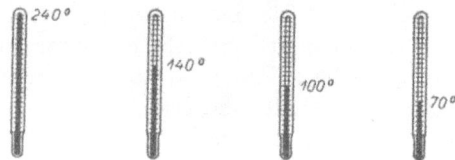

Bild 52.

4. Vermehrung der erforderlichen Heizfläche. Als Folge der sinkenden Verbrennungstemperatur bei wachsendem Luftüberschuß

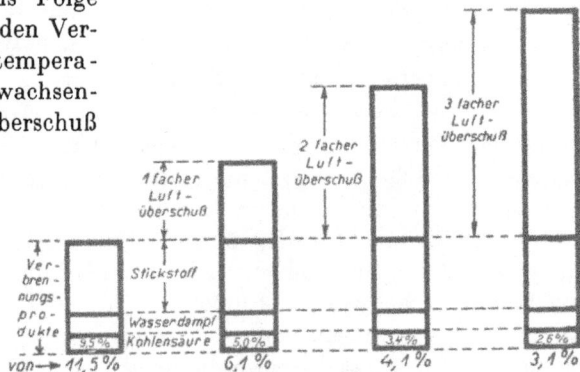

Bild 53.

wird die Heizfläche weniger wirksam. Je größer der Luftüberschuß ist, desto größer muß die Heizfläche bei gleicher Leistung und bei gleichem Nutzeffekt werden. (Bild 53)

6. Gasexplosionen

Wir haben die Verbrennungsvorgänge zu unterscheiden nach der Geschwindigkeit, mit welcher dieser Vorgang vor sich geht.

Die Oxydation ist der langsamste Verbrennungsvorgang. Wir beobachten ihn bei Eisen- und Nichteisenmetallen; es genügt hier der Sauerstoff der Luft, um das Metall allmählich dem Verfall auszusetzen, wenn es nicht durch einen Schutzanstrich geschützt wird.

Die normale Verbrennung von festen und gasförmigen Brennstoffen geschieht ebenfalls, wie wir bereits gesehen haben, unter Vorhandensein vom Sauerstoff der Luft. Der Vorgang spielt sich jedoch schneller als bei der Oxydation ab, weil die mitwirkende Flamme eine mehr oder weniger hohe Temperatur erzeugt.

Das Gasschmelzschweißen ist ein noch schnellerer Verbrennungsvorgang, bei welchem reiner Sauerstoff (in Stahlflaschen) benutzt wird, um die betreffenden Metalle miteinander zu verbinden. Hierzu gehört auch das Löten von Metallen.

Die Explosion ist die plötzliche Verbrennung eines Gasluftgemisches, also der schnellste Verbrennungsvorgang. Nicht jedes Gasluftgemisch ist explosiv, wenn es angezündet wird, sondern nur unter ganz bestimmten Mischungsverhältnissen. Die Explosionsgrenzen liegen zwischen 10 bis 25% Leuchtgas (Stadtgas) von normaler Zusammensetzung; man kann die Grenzen noch weiter ziehen und sagen, daß ein Gasluftgemisch mit einem Gehalt von 8 bis 31% Stadtgas in der Luft explodiert, wenn es angezündet wird. Es genügt ein einziger kleiner Funke, um die Explosion zu verursachen. Ein solcher Funke kann in bewohnten Räumen ausgelöst werden durch ein Streichholz, durch ein Feuerzeug, durch einen elektrischen Schalter oder auch durch einen Klingeldruckknopf, der den Funken eines Unterbrechers betätigt. Auf solche Weise sind wiederholt Explosionen vorgekommen. Man muß daher beim Betreten von

Räumen, in denen ein Gasgeruch wahrzunehmen ist, vermeiden, Licht zu machen, und jede andere Zündungsmöglichkeit unterlassen. In solchen Fällen ist zuerst das Fenster zu öffnen, der Gashahn zu schließen und erst nach geraumer Zeit Licht zu machen.

Unglücksfall durch Gasexplosion. Aus einer von der Straße in den Keller eines Gebäudes eingeführten Gasleitung strömte Stadtgas infolge Undichtigkeit an der Ver-

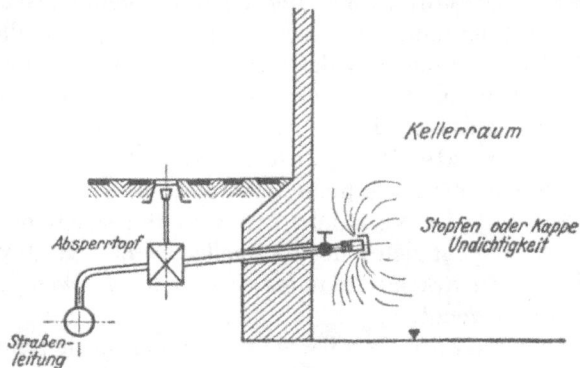

Bild 54.

schlußstelle aus. Einer der Bewohner betrat den Kellerraum, schaltete Licht ein und brachte so das Gasluftgemisch zur Explosion. Die Folge war der Tod des Mannes und eine erhebliche Zerstörung des Hauses. (Bild 54)

Für den Gaseinrichter und Rohrleger ist die Ziffer 12 der TVR zu beachten, nach welcher »fertiggestellte aber nicht an die Innenleitung angeschlossene Zuleitungen mit Gewindestopfen oder Kappe aus Metall zu verschließen sind. Die Auffüllung eines in der Zuleitung etwa vorhandenen Absperrtopfes oder das Schließen der Hauptabsperrvorrichtung sind nicht als gesicherter Verschluß anzusehen.«

7. Physikalische Eigenschaften des Gases

a) Gasdruck

Um das Gas fortleiten zu können, muß man es unter Druck setzen. Der Druck ist bei den Gaswerken verschieden und hängt ab von den örtlichen Verhältnissen der Rohrnetze. Er kann gemessen werden in mm Quecksilbersäule (QS) oder in mm Wassersäule (WS). Beide Angaben finden wir in der Praxis.

Wenn wir uns über die Größe des Druckes und über die Umrechnung von mm QS in mm WS Klarheit verschaffen wollen, dann müssen wir ausgehen von der Tatsache, daß

$$1 \text{ Atmosphäre} = 1 \text{ at} = 1 \text{ kg/cm}^2 \text{ ist}$$
$$\text{oder} = 10 \text{ m WS}$$
$$\text{und} = 735{,}81 = \sim 736 \text{ mm QS}.$$

Hieraus ergibt sich, daß

$$1 \text{ m WS} = 1000 \text{ mm WS}$$
$$= 73{,}6 \text{ mm QS ist}.$$

Also ist

$$\textbf{1 mm WS} = \textbf{0{,}0736 mm QS}$$

oder, da das spezifische Gewicht des Quecksilbers = 13,59 und das des Wassers = 1 ist, so kann man auch sagen

$$1 \text{ mm WS} = \frac{1}{13{,}59} \text{ mm QS}$$

oder **1 mm QS = 13,59 mm WS.**

Beispiel 1. Wieviel sind 40 mm WS umgerechnet in mm QS?

Lösung:

$$1 \text{ mm WS} = 0{,}0736 \text{ mm QS}$$
$$40 \text{ mm WS} = 40 \times 0{,}0736$$
$$= \textbf{2{,}944 mm QS.}$$

Beispiel 2. Wieviel Atmosphäre sind 692 mm QS bei 0° C und normalem Luftdruck?

Lösung:

$$1 \text{ at} = 736 \text{ mm QS}$$
$$1 \text{ mm QS} = \frac{1}{736} \text{ at}$$
$$692 \text{ mm QS} = \frac{692}{736}$$
$$= \sim \textbf{0{,}94 at.}$$

Bei sehr genauen Messungen muß noch berücksichtigt werden, daß das spezifische Gewicht des Quecksilbers bei höherer oder niedriger Temperatur sich anders ändert als das spezifische Gewicht des Wassers. In der Praxis kann der Installateur sich aber mit obigen Zahlen, die sich auf eine größte Dichte des Wassers bei $+ 4^0$ C $= 1$ und ein spezifisches Gewicht des Quecksilbers von 13,5856 $=$ rd. 13,59 beziehen, begnügen.

Hiernach dürfte die Umrechnung keinerlei Schwierigkeiten bereiten.

b) Gasdruckmessungen

Den Gas- und Wassereinrichter muß es interessieren zu wissen, welcher Gasdruck in der von ihm verlegten Gasrohrleitung vorhanden ist. Er muß in der Lage sein, diesen Druck zu messen und auch andere Messungen vorzunehmen.

Oft kommt es vor, daß ein Gaseinrichter ein Gerät an eine vorhandene Gasleitung anschließt, ohne sich vorher zu überzeugen, ob der Gasdruck ein genügender ist.

Der Druck im Stadtrohrnetz fällt oder steigt, nachdem er im Gaswerk durch den Druckregler geregelt wird, auf dem weiten Wege je nach dem Höhenunterschiede im Versorgungsgebiet und je nach den Rohrweiten und -längen. Bei jeder Steigung im Rohrnetz nimmt der Druck zu, bei jeder Senkung fällt er.

Zur Feststellung des Druckes bedient man sich einer U-förmig gebogenen Glasröhre, welche an einem Ende offen ist, am anderen Ende einen Anschluß zur Verbindung mit der Gasleitung hat. Die so gebauten Druckmesser oder Manometer sind die bekanntesten und einfachsten.

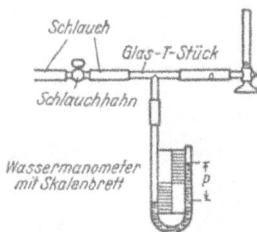

Bild 55.

Bild 55 zeigt eine solche Einrichtung mit Skalenbrett, die in verschiedenen Größen geliefert wird. Der Anschluß geschieht mittels eines Schlauches mit der Gasleitung meist unter Zwischenschaltung eines Gasschlauchhahnes. Das Glasrohr wird entweder mit Wasser oder mit in Wasser aufgelöstem Fluoreszein (künstlicher organischer Farbstoff) gefüllt.

Öffnet man den Gashahn uud läßt das Gas auf das Wasser drücken, so steigt es im offenen Schenkel und fällt im ge-

schlossenen Schenkel. Der Unterschied zwischen dem Wasserstand in den beiden Rohrschenkeln gibt dann das Maß für den
Gasdruck p in mm WS an.

Außer diesem einfachen Wassermanometer gibt es auch
Meßinstrumente, die für die Vor- und Nachprüfung von Stadt-
gasleitungen angewandt werden und die auf dem Prinzip eines
Druckmessers mit Metallrohrfeder oder mit Plattenfeder beruhen. Auch diese Meßinstrumente sind besonders zur Messung von hohen Gasdrucken geeignet.

In Gaswerksbetrieben werden vielfach sog. multipli-
zierende Manometer verwendet. Diese bestehen aus zwei
kommunizierenden Gefäßen, und zwar einem oben offenen
zylindrischen Gefäß, in welchem ein geschlossener mit der
Gaszufuhr versehener Wasserkasten dicht eingefügt ist. In
diesem rohrförmigen Körper, welcher unten noch Wasser-
durchflußöffnungen hat und welcher den offenen Schenkel
eines Wassermanometers darstellt, schwimmt eine hohle
Kugel, welche das Steigen und Fallen des Wassers durch den
Zeiger, wie in Bild 56 angedeutet, auf einer geeichten Skala
anzeigt. Die Einteilung der Skala ermöglicht die Ablesung
des Gasdruckes in mm WS.

Will man den Gasdruck in 24 stündiger Dauer beobachten
und festhalten, dann benutzt man selbstregistrierende Druckmesser oder Druckschreiber genannt, wie ihn die Bamag,
Berlin, herstellt.

Ein solcher transportabler Apparat wird unter dem
Namen »Universal« gebaut und ist in der folgenden Abbildung
(Bild 57) dargestellt. Er besteht aus einem unteren mit
Glyzerin gefüllten Gefäß, in welchem sich ein Schwimmer
befindet, der eine Schreibfeder trägt. Der obere Teil des
Apparates trägt ein Uhrwerk mit einer Trommel, auf welcher
die Druckbilder aufgespannt werden. Die Beobachtung wird
durch ein Fenster ermöglicht.

Der Druckschreiber gibt dem Gaseinrichter an, erstens,
bei welchem Gasdruck die von ihm anzuschließenden Gasgeräte am zweckmäßigsten einzuregulieren sind und zweitens,
ob überhaupt ein genügender Gasdruck an den betreffenden
Stellen im Laufe des gesamten Tages vorhanden ist.

Bild 56. Bild 57.

Gasdruck, Volumen und Dichte in ihren Beziehungen

c) **Gasdruck und Volumen.** Wenn man ein Gas bei gleichbleibender Temperatur auf ½, ⅓, ¼ usw. seines Volumens zusammendrückt, so steigt seine Spannkraft, d. h. sein Druck auf das 2-, 3-, 4fache usw. des ursprünglichen Wertes. Drückt man z. B. 2 m³ Dampf auf 1 m³ bei einer Spannung von 1 at zusammen, so steigt seine Spannung auf 2 at.

Dehnt man hingegen unter denselben Bedingungen bei gleichbleibender Temperatur ein Gas auf das 2-, 3-, 4fache usw. seines Volumens aus, so verringert sich seine Spannkraft auf ½-, ⅓-, ¼fache. Würden also entsprechend dem obigen Beispiel 1 m³ Dampf von 2 at auf einen Raum von 2 m³ ausgedehnt werden, so sinkt die Dampfspannung auf 1 at.

Diese Verhältnisse treffen bei allen gasförmigen Körpern zu, also bei Luft, Gas, Dampf usw. und ergeben folgende allgemein gültige Formel

$$\frac{P_1}{P_2} = \frac{V_2}{V_1}$$

oder in Worten ausgedrückt: Bei gleichbleibender Temperatur eines Gases sind Druck und Volumen einander umgekehrt proportional.

Man kann die Formel auch wie folgt ausdrücken

$$P_1 \cdot V_1 = P_2 \cdot V_2$$

und in Worten: Bei gleichbleibender Temperatur bleibt das Produkt aus Druck und Volumen konstant.

Diese Tatsache wurde zuerst von Boyle und Mariotte im 17. Jahrhundert nachgewiesen, man nennt sie deshalb das Boyle-Mariottesche Gesetz.

Beispiel. Preßt man 1000 l Gas bei 15° C und einem Druck von 70 mm WS auf 500 l zusammen, wie groß ist der Gasdruck?

Lösung: Es ist

$$\frac{P_1}{P_2} = \frac{V_2}{V_1}$$

oder

$$P_2 = \frac{P_1 \cdot V_1}{V_2}$$
$$= \frac{70 \cdot 1000}{500} = \mathbf{140\,mm\,WS.}$$

Beispiel. Eine Gasmenge von 700 mm QS Druck wird so verdichtet, daß ihr Volumen nur noch $^1/_5$ des ursprünglichen Volumens beträgt. Wie verändert sich der Druck?

Lösung: Es ist

$$P_1 \cdot V_1 = P_2 \cdot V_2$$
$$V_2 = \frac{1}{5}\,V_1$$

also

$$P_2 = \frac{P_1 \cdot V_1}{\frac{1}{5}\,V_1} = 5\,P_1$$
$$= 5 \cdot 700 = \mathbf{3500\,mm\,QS.}$$

d) Gasdruck und Dichte

Wir haben an anderer Stelle gesehen, daß für das spezifische Gewicht auch die Bezeichnung Dichte üblich ist. Die Zahlenwerte sind auf Luft bezogen; man spricht auch von der physikalischen Dichte und drückt das spezifische Gewicht oder die Dichte aus durch

$$S = \frac{G}{L}.$$

Hierin ist G = Gasvolumen und
$\qquad L$ = Luftvolumen.

Für den Zusammenhang zwischen Gasdruck und Dichte bei gleichbleibender Temperatur hat die Erfahrung folgende Beziehung ergeben: Gasdruck und Dichte sind einander proportional oder als Formel ausgedrückt:

$$S_1 : S_2 = P_1 : P_2.$$

Da wir festgestellt haben, daß die Dichte die Anzahl der Moleküle in der Gasmenge sind, so ist es leicht erklärlich, wenn das Volumen durch Druckveränderung auf einen Teil seines ursprünglichen Raumes verringert wird, daß dann in diesem Volumen dieselben Molekülzahlen enthalten sein müssen. Aber es muß die Dichte in diesem Fall größer sein. Für den Fall der Vergrößerung des Volumens gilt das Umgekehrte, d. h. die Dichte ist dann kleiner.

Beispiel. Die Dichte eines Gasgemisches beträgt 0,89 (z. B. Azetylengas). Wie groß wird sie, wenn das Volumen des Gasgemisches auf das Dreifache gebracht wird?
Lösung:

Es ist $\qquad S_1 : S_2 = P_1 : P_2$
oder da $\qquad P_1 : P_2 = V_2 : V_1$
ist $\qquad S_1 : S_2 = V_2 : V_1$

$$S_2 = \frac{S_1 \cdot V_1}{V_2}$$

$$V_2 = 3 V_1$$

$$S_2 = \frac{S_1 \cdot V_1}{3 \cdot V_1} = \frac{S_1}{3} = \frac{0,89}{3}$$

$$= \sim 0{,}297.$$

In der Praxis wird die Gasdichte mit dem Bunsen-Schilling-Apparat ermittelt. Man stellt den Gasdurchgang und den Luftdurchgang fest und bekommt so den Wert

$$S = \frac{\text{Gasdurchgang}^2}{\text{Luftdurchgang}^2}.$$

8. Wärmetechnische Grundbegriffe

Der Gaseinrichter muß in der Lage sein, eine Gas-Warm-wasseranlage oder eine Gasheizungsanlage und die dazugehörigen Rohrleitungen richtig zu bemessen. Falsch dimensionierte Zuleitungen, zu klein bemessene Geräte würden ebenso wie zu große Anlagen zu unwirtschaftlichen Betriebsergebnissen führen.

Befassen wir uns zunächst mit den Maßeinheiten, mit denen wir zu rechnen haben.

a) Temperatur

1. **Maßeinheit zur Bestimmung der Wärmehöhe (Temperatur).** Wir messen die Temperatur in Grad Celsius $= {}^0C$.

Temperatur ist der Eindruck, den ein Körper hinsichtlich seiner Wärme und Kälte auf den Menschen macht. Die Messung dieser Temperatur baut sich auf der Tatsache auf, daß sich die meisten Körper ausdehnen, wenn sie erwärmt werden und sich zusammenziehen, wenn sie abkühlen. Geeignet hierfür ist Quecksilber.

Celsius teilte den Ausdehnungsraum einer Glasröhre vom Eispunkt bis zum Siedepunkt in 100 Teile ein.

Réaumur wählte 80 Teile für den gleichen Raum und

Fahrenheit teilte den Raum in 180 Teile ein und wählte als Nullpunkt die Temperatur einer Schnee-Salmiakmischung $= 32^0$, so daß der Siedepunkt bei 212^0 liegt. (Bild 58)

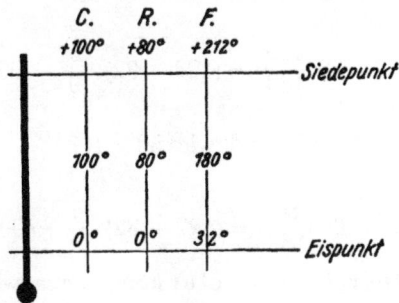

Bild 58.

Es besteht also die Beziehung
$$100^0\,\mathrm{C} = 80^0\,\mathrm{R} = 212^0\,\mathrm{F}.$$

Früher waren diese drei Maßeinheiten gebräuchlich, heute jedoch ist die Maßeinheit Celsius allgemein üblich.

Folgende Beispiele sollen die Umrechnung von Réaumur in Celsius usw. erläutern.

Beispiel 1:

10° C sind wieviel ° R?

Lösung:

$$10^0\,\mathrm{C} = 10 \cdot \frac{80}{100} = 10 \cdot \frac{4}{5} = 8^0\,\mathrm{R.}$$

Beispiel 2:

24° R sind wieviel ° C?

Lösung:

$$24^0\,\mathrm{R} = 24 \cdot \frac{100}{80} = 24 \cdot \frac{5}{4} = 30^0\,\mathrm{C.}$$

Beispiel 3:

10° C sind wieviel ° F?

Lösung:

$$10^0\,\mathrm{C} = \left(\frac{180}{100} \cdot 10 + 32\right) = \left(\frac{9}{5} \cdot 10 + 32\right) = 18 + 32 = 50^0\,\mathrm{F.}$$

Beispiel 4:

12° R sind wieviel ° F?

Lösung:

$$12^0\,\mathrm{R} = \left(\frac{180}{80}\ 12 + 32\right) = \left(\frac{9}{4} \cdot 12 + 32\right) = 27 + 32 = 59^0\,\mathrm{F.}$$

Beispiel 5:

122° F sind wieviel ° C?

Lösung:

$$122^0\,\mathrm{F} = (122 - 32)\,\frac{100}{180} = (122 - 32) \cdot \frac{5}{9} = 90 \cdot \frac{5}{9} = 50^0\,\mathrm{C.}$$

Beispiel 6:

122° F sind wieviel ° R?

Lösung:

$$122^0\,\mathrm{F} = (122 - 32)\,\frac{80}{180} = (122 - 32) \cdot \frac{4}{9} = 90 \cdot \frac{4}{9} = 40^0\,\mathrm{R.}$$

Quecksilberthermometer können nur zwischen —30° C und +300° C verwendet werden, denn Quecksilber gefriert bei —39⁰ C und siedet bei +357⁰ C. Um noch höhere Temperaturen als +357⁰ C mit Quecksilber messen zu können, füllt man die Glasröhre mit Stickstoff, dessen Druck das Quecksilber am Sieden hindert. Auf diese Weise kann man bis + 500⁰ C messen.

Zur Messung noch höherer Temperaturen muß man andere Wege gehen (elektrische Messung).

b) Wärmemenge

Maßeinheit zur Bestimmung der Wärmemenge. Die Wärmemenge wird gemessen in Kilokalorien = kcal.
1 kcal ist die Wärmemenge, durch welche die Temperatur von 1 l Wasser um 1⁰ C erhöht wird.
Man bezeichnete früher diese Maßeinheit mit Wärmeeinheit = WE. Wenn ich die Wärmemenge errechnen will, welche das Heizgas zur Erwärmung einer gewissen Menge Wasser um eine bestimmte Temperatur abgeben muß oder, was dasselbe ist, welche Wärmemenge das Wasser aufgenommen hat, dann muß ich die Wassermenge mit der Temperaturerhöhung malnehmen, also:

Wassermenge × Temperaturerhöhung
= aufgenommene Wärmemenge.

Beispiel. Es sollen 8 l Wasser von 11⁰ C (Anfangstemperatur) auf 36⁰ C (Endtemperatur) erwärmt werden. Wie groß ist die Wärmeaufnahme des Wassers?

Lösung:

$$8 (36 - 11) = 8 \cdot 25 = \textbf{200 kcal.}$$

c) Heizwert

Der Heizwert eines Stoffes gibt an wieviel Kalorien bei der Verbrennung einer bestimmten Menge eines Gases oder eines festen oder flüssigen Brennstoffes frei werden. Er ermöglicht also einen Vergleich der verschiedenen Brennstoffarten untereinander. Bei festen und flüssigen Brennstoffen wird der Heizwert auf 1 kg, bei gasförmigen Brennstoffen auf 1 m³ bezogen. Da bei der Verbrennung in der Regel Wasserdampf in den Abgasen enthalten ist, müssen wir zwischen einem oberen und einem unteren Heizwert unterscheiden.

1. Oberer Heizwert $= H_o$. Man versteht unter dem oberen Heizwert eines Gases diejenige Wärmemenge, welche bei vollständiger Verbrennung und bei einem Zustand von 0^0 C und 760 mm QS Barometerstand und trocken in kcal/m³ frei wird. Dieser Heizwert $= H_o$ wird auch als theoretischer Heizwert, und ein Kubikmeter Gas in diesem Zustand wird als Normalkubikmeter $=$ Nm³ bezeichnet.

Die Richtlinien des Deutschen Vereins von Gas- und Wasserfachmännern e. V. (DVGW) sprechen von dem Begriff »Stadtgas« und verstehen darunter ein Gas mit einem oberen Heizwert

$$H_o = 4000 \text{ bis } 4300 \text{ kcal/Nm}^3.$$

Da aber der obere Heizwert bei Stadtgas nicht praktisch nutzbar gemacht werden kann, weil die Abgase nicht auf 0^0 C abgekühlt werden können, so muß einTeil seiner Wärmemenge das bei der Verbrennung entstehende Wasser als Dampf mit den Abgasen abführen. Diese Wärmemenge bezeichnet man als Kondensationswärme oder Verdampfungswärme. Sie beträgt etwa 10% des H_o.

Hieraus ergibt sich

2. Unterer Heizwert $= H_u$. Unter dem unteren Heizwert versteht man die bei vollständiger Verbrennung freiwerdende Nutzwärme in kcal/m³, bezogen auf einen Gaszustand bei 0^0 C, 760 mm Barometerstand und trocken (Normalkubikmeter). Wir können also sagen:

unterer Heizwert $=$ oberer Heizwert — abzüglich Verdampfungswärme

oder

$$H_u = H_o - 10\%.$$

3. Praktischer Heizwert $= H_{u15}$. Mit dem Begriff H_u können wir insofern noch nichts anfangen, weil das Gas dem Gerät an der Verbrauchsstelle nicht bei 0^0 C und 760 mm Barometerstand, trocken, sondern im Mittel bei etwa 15^0 C, 760 mm QS und feucht zugeführt wird. Diesen Zustand des Gases nennen wir den praktischen unteren Heizwert und bezeichnen ihn mit H_{u15}.

Da die Rückführung auf den Gebrauchszustand etwa 7% ausmacht, ergibt sich der Umrechnungswert zu 0,93, so daß wir nunmehr erhalten:

praktischer Heizwert = unterer Heizwert
$\times$ Umrechnungswert

oder

$$H_{u15} = H_u \times 0{,}93.$$

Beispiel. Wie groß ist der praktische Heizwert im Gebrauchszustand, wenn nach Angabe des Gaswerks das Stadtgas einen oberen Heizwert von $H_o = 4300$ kcal/m³ hat?

Lösung:
Es ist

$$H_o = 4300 \text{ kcal/m}^3$$
$$\text{abzüglich } 10\% = \underline{\quad 430 \quad »}$$
$$\text{also} \quad H_u = 3870 \text{ kcal/m}^3$$

Nunmehr errechnet sich der praktische Heizwert im Gebrauchszustand zu

$$H_{u15} = 3870 \times 0{,}93 = \textbf{3600 kcal/m}^3,$$

d. h. bei 15⁰ C, 760 mm QS, feucht.

Mit diesem Heizwert haben wir in der Praxis zu rechnen.

Die folgende Darstellung (Bild 59) veranschaulicht noch einmal das über die Errechnung des praktischen Heizwertes Gesagte und zeigt die Wärmeverteilung bei gasbeheizten Flüssigkeitserhitzern.

d) Heizwertbestimmung

Die Heizwertbestimmung von Stadtgas erfolgt mit dem Junkerschen Kalorimeter, welches ähnlich wie ein gasbeheizter Flüssigkeitserhitzer gebaut ist. Man verbrennt eine bestimmte Gasmenge und fängt die dabei freiwerdende Wärme in Wasser auf. Ein Gasmesser zeigt die zur Erwärmung notwenige Gasmenge an. Er wird zunächst eingestellt und reguliert auf eine bestimmte Durchflußgeschwindigkeit (z. B. 3,5 l Gas in der Sekunde). Ein Gasdruckregler sorgt für konstanten Druck. Nun stellt man die Temperaturerhöhung als Mittelwert aus 10 verschiedenen Messungen fest. Die Temperaturdifferenz betrug z. B. bei einer Untersuchung

Warmwasser	$= 20{,}06^0$ C
Kaltwasser	$= 9{,}81^0$ C
Temperaturdifferenz . .	$= 10{,}25^0$ C

Die Gastemperatur war 25⁰ C. Der Barometerstand
766 mm QS. Das Wassergewicht mit Gefäß betrug

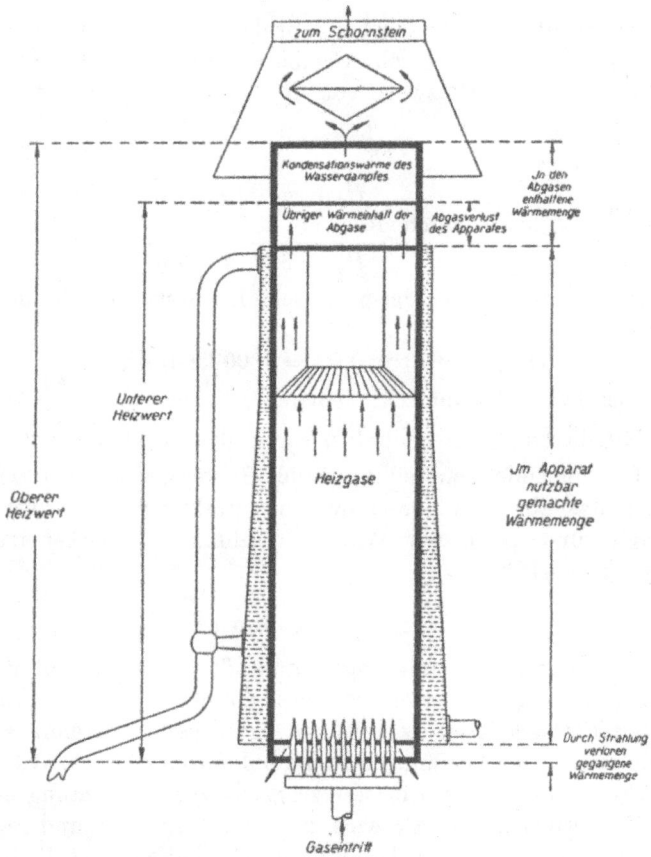

Bild 59.

$$\begin{array}{r} = 514{,}9 \text{ g} \\ \text{das Gewicht des Gefäßes} \quad \underline{ 86{,}1 \text{ g}} \\ \text{mithin Gewicht des Wassers} = 428{,}8 \text{ g} \end{array}$$

Also $428{,}8 \times 10{,}25 = 4395{,}2$ kcal ist der **Heizwert des
Gases** bei 25⁰ C und 766 mm QS.

Der Umrechnungsfaktor für 0^0 C und 760 mm QS ist zu entnehmen aus der Reduktionstabelle von Karl Ludwig und beträgt im vorliegenden Falle $= 1,118$.

Mithin ergibt sich der obere Heizwert zu

$$H_o = 4395,2 \times 1,118$$
$$= 4914 \text{ kcal/m}^3 \text{ bei } 0^0 \text{ C}$$
$$\text{und } 760 \text{ mm QS.}$$

9. Einstellung und Prüfung von Gas-Wasserheizern

Begriffsbestimmungen

a) Belastung

Unter Belastung versteht man die dem Gerät in der Zeiteinheit zugeführte Wärmemenge in kcal bezogen auf den praktischen Heizwert. Also ist

$$\text{Belastung} = \frac{\text{Gasmenge (m}^3)}{\text{Zeit (min)}} \times \text{prakt. Heizwert } H_{u15}.$$

Dabei hat man noch zu unterscheiden zwischen Nennbelastung und Grenzbelastung.

Nennbelastung ist die vom Hersteller angegebene Belastung, auf welche das Gerät einzustellen ist.

Grenzbelastung ist die höchst zulässige Einstellungsstufe, die je nach Geräteart 10 bis 25% über der Nennbelastung liegt.

Der Fabrikant hat bei diesen Angaben Rücksicht zu nehmen auf eine möglichst lange Lebensdauer seiner Geräte.

b) Leistung

Man versteht unter der Leistung eines Gasgerätes die durch das Gerät in der Zeiteinheit nutzbar gemachte Wärmemenge in kcal/min. Ich kann auch sagen, die an das Wasser abgegebene Wärmemenge in kcal/min, oder bei einer Gasfeuerstätte, die an die Luft des Raumes abgegebene Wärmemenge in kcal/min.

Es ist also

$$\text{Leistung (min)} = \frac{\text{Wassermenge (l)}}{\text{Zeit (min)}} \times \text{Temperaturerhöhung}(^0\text{C}).$$

Auch hier unterscheiden wir wieder zwischen Nennleistung und Grenzleistung.

Nennleistung ist die vom Hersteller angegebene Leistung, auf welche das Gerät einzustellen ist.

Grenzleistung ist die höchst zulässige Einstellstufe, die 10 bis 25% über der Nennleistung liegt.

c) Wirkungsgrad

Wie bei jeder Maschine, so kann man auch bei einem Gasgerät errechnen, ob das Gerät wirtschaftlich arbeitet oder nicht. Der Wirkungsgrad gibt das Verhältnis der nutzbaren zur zugeführten Wärmemenge wieder.

Es ist also

$$\text{Wirkungsgrad} = \frac{\text{Leistung (kcal/min)}}{\text{Belastung (kcal/min)}}.$$

Bei Gas-Wasserheizern bewegt er sich in den Grenzen 0,8 bis 0,9, d. h. 80% bis 90%. Der Verlust beträgt mithin 10% bis 20% bei einwandfrei arbeitenden Geräten.

d) Anschlußwert

Will man eine Gasanlage, insbesondere die Rohrweiten der Gaszuführungsleitungen berechnen, so muß man wissen, wie groß der Gasverbrauch der angeschlossenen Geräte ist. Der Anschlußwert ist der stündliche Gasverbrauch des Gerätes in m^3 bei Nennbelastung, bezogen auf den praktischen unteren Heizwert H_{u15} oder

$$\text{Anschlußwert} = \frac{\text{Nennbelastung (kcal/min)}}{\text{praktischer Heizwert (kcal/m}^3)} \times 60 = m^3/h.$$

Wir haben gesehen, daß

$$\text{Nennbelastung} = \frac{\text{Gasmenge (m}^3)}{\text{Zeit (min)}} \times \text{prakt. Heizwert (kcal)}$$

ist und setzen dieses in die vorige Formel ein. Es ergibt sich dann

$$\text{Anschlußwert} = \text{Gasmenge (m}^3/\text{min)} \times 60 = m^3/h.$$

Beispiel. Der Hersteller eines Gas-Warmwasserheizers gibt den minutlichen Gasverbrauch mit 198 l an. Das Gaswerk nennt als oberen Heizwert des Stadtgases $H_o = 4300$ kcal/m^3.

Fragen:

1. Wie groß ist die Nennbelastung?
2. Wie groß ist die Nennleistung?

3. Wie groß ist der Wirkungsgrad?

4. Welches ist der Anschlußwert?

wenn das Gerät 18 l Wasser von 10^0 C auf 42^0 C in der Minute erwärmen soll.

Lösung:

Zu 1. Die Nennbelastung ist =

$$\frac{\text{Gasmenge (m}^3)}{\text{Zeit (min)}} \times \text{praktischem Heizwert } H_{u15}.$$

Der dem oberen Heizwert $H_o = 4300$ kcal/m³ entsprechende praktische Heizwert H_{u15} war im vorigen Beispiel ermittelt zu 3600 kcal/m³.

Es ergibt sich also

$$\frac{0,198}{1} \times 3600 = \textbf{712,8 kcal/min.}$$

Zu 2. Die Nennleistung ist =

$$\frac{\text{Wassermenge (l)}}{\text{Zeit (min)}} \times \text{Temperaturerhöhung (}^0\text{C)}$$

$$= \frac{18}{1} \times (42 - 10) = 18 \cdot 32 = \textbf{576 kcal/min.}$$

Zu 3. Der Wirkungsgrad ist =

$$\frac{\text{Nennleistung}}{\text{Nennbelastung}} = \frac{576}{712,8} = 8,8 = \textbf{88\%.}$$

Zu 4. Der Anschlußwert ist =

Gasmenge (m³/min) $\times$ 60 = 0,198 $\times$ 60 = **11,88 m³/h.**

10. Ermittlung der Rohrweiten.

Beziehungen zwischen den Dimensionen einer Gasleitung, der Gasmenge und dem Gasdruck. Eine Unterdrucksetzung des Gases in einer Rohrleitung ermöglicht seine Fortleitung von einer Anfangsstelle (Gaseintritt von der Straße ins Haus) zu einer Endstelle (Gasherd, Gaswasserheizer, Gasfeuerstätte). Dieser Druck dient zur Erzeugung einer Durchflußgeschwindigkeit des Gases und zur Überwindung der an den Wandungen der Rohre auftretenden Reibungen. Der Reibungswiderstand setzt sich zusammen aus den Reibungswiderständen in den Gaszählern, den Rohren, den Rohrverbindungsstücken, den Gashähnen, den Gasbrennern usw. Die Reibung in allen diesen Teilen hat einen

Druckverlust in der Durchflußrichtung des Gases zur Folge, welcher abhängt

1. von der Länge der Leitung. Je länger die Rohrleitung ist, desto größer ist der Druckabfall. Er ist direkt proportional der Länge, d. h. bei doppelter, dreifacher, vierfacher Länge beträgt der Druckverlust bei derselben Leitungsweite, Gasmenge und demselben spezifischen Gewicht, ebenfalls das Doppelte, Dreifache, Vierfache;

2. von dem spezifischen Gewicht des Gases. Der Druckverlust wächst im gleichen Verhältnis wie das spezifische Gewicht. Die Gasmengen stehen im umgekehrten Verhältnis zu den Wurzeln der spezifischen Gewichte. Wenn z. B. bei einem bestimmten Druck 60 l Gas/min von einem spezifischen Gewicht $= 0{,}4$ durch eine Leitung fließen, dann sinkt die durchfließende Gasmenge vom spezifischen Gewicht $= 0{,}5$ auf

$$60 \cdot \sqrt{\frac{0{,}4}{0{,}5}} = 53{,}6 \text{ Liter/min;}$$

3. von der Gasmenge. Der Druckabfall wächst mit dem Quadrat der Gasmenge, d. h. bei 3facher Gasmenge steigt in demselben Rohr der Druckverlust um das $3 \times 3 = 9$-fache. Oder bei 4facher Gasmenge steigt in demselben Rohre der Druckverlust um das $4 \times 4 = 4^2 = 16$fache;

4. von der Rohrweite. Dieser Einfluß ist von allen am größten.

Der Druckabfall ist umgekehrt proportional der 5. Potenz des Leitungsdurchmessers, d. h. bei Verringerung der Rohrweite auf $\frac{1}{2}$, $\frac{1}{3}$ oder $\frac{1}{4}$ beträgt der Druckverlust bei der gleichen Gasmenge und Leitungslänge das $2 \times 2 \times 2 \times 2 \times 2 = 2^5 = 32$fache, bzw. das $3 \times 3 \times 3 \times 3 \times 3 = 3^5 = 243$fache, bzw. das $4 \times 4 \times 4 \times 4 \times 4 = 4^5 = 1024$fache.

Darstellung des Druckabfalls. Bild 60 veranschaulicht am deutlichsten das vorher Gesagte. Der Druckabfall beträgt bei einer Leitung von 10 m Länge mit 4 m³ stündlichem Gasverbrauch

bei 1″ Rohrdurchmesser $=$ 1 mm (50—49 mm),
bei ¾″ Rohrdurchmesser $=$ 5 mm (49—44 mm),
bei ½″ Rohrdurchmesser $=$ 32 mm (44—12 mm).

Bei dieser aus 3 Teilen von gleicher Länge (10 m) zusammengesetzten Leitung zeigt sich, daß am Ende der ½″-Leitung nur noch ein Druck von 22 mm vorhanden ist. Auf der 10 m langen ½″-Leitung sind insgesamt 32 mm Druck verloren gegangen, das sind pro laufenden Meter 32 : 10 = 3,2 mm. Das Beispiel lehrt also, daß man nicht den Fehler machen darf, die Rohrweite aus Sparsamkeitsgründen oder aus anderen Gründen

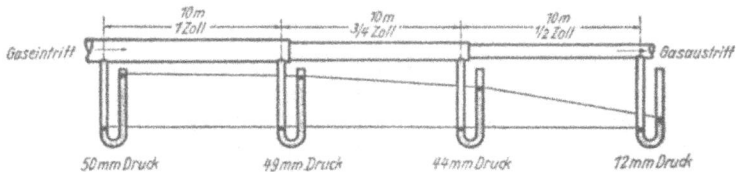

Bild 60.

zu gering zu nehmen, denn die Folgen sind stets sehr erhebliche Unzuträglichkeiten für den Betrieb. Auf der andern Seite soll man die Rohrweite nicht viel größer nehmen als notwendig ist; doch muß auf eine Erweiterung der Anlage, wenn dies überhaupt in Frage kommt, Rücksicht genommen werden. Der Gaseinrichter sollte sich zum Grundsatz wählen:

a) Wirtschaftlich vertretbare Rohrweiten

Die Firma Junkers & Co. hat schon vor längeren Jahren Versuche durchgeführt und die ermittelten Gasdruckverluste in einer Tabelle zusammengestellt (Prof. Junkers Lehrmittel für das Installationsfach. Gasdruckverluste). Entsprechend einer Gasmenge von 10 bis 1000 l pro min bei einer Gasdichte von 0,48 sind die Gasdruckverluste für Rohrweiten von $^3/_8$″ bis 2″ in mm WS pro laufenden Meter Rohrlänge angegeben. Ebenso sind die Druckverluste in den Rohrverbindungsstücken, Winkeln, T-Stücken, Reduziermuffen und in Durchgangshähnen in den gleichen Grenzen für Gasmengen und Rohrweiten für jedes Stück verzeichnet.

Diese Angaben ermöglichen eine exakte Berechnung der technisch günstigsten Rohrweiten der Gesamtanlage.

Der Deutsche Verein von Gas- und Wasserfachmännern, e. V., hat im Einvernehmen mit dem Reichsinnungsverband

6*

des Installateur- und Klempnerhandwerkes in der Druck-
schrift: »Die Versorgung von Gebäuden mit Niederdruckgas«,
Technische Vorschriften und Richtlinien (DVGW—TVR)
erstmalig 1934 herausgegeben. Diese TVR tragen den neu auf
den Markt gekommenen Gasgeräten und ihren Anschlußwerten
Rechnung und sind zur Berechnung von Rohrweiten
bzw. Gasdruckverlusten geeignet. Sie enthalten die Tabellen in Zahlentafel 1 für
Innenleitungen ausschließlich der Steigeleitungen
und getrennt hiervon in
Zahlentafel 2 für Steige-
leitungen die Nennweiten
der Gasrohre für bestimmte
Anschlußwerte in m³/h.
Dabei ist die Aufstellung
der Gaszähler in den Stockwerken oder im Keller be-
rücksichtigt.

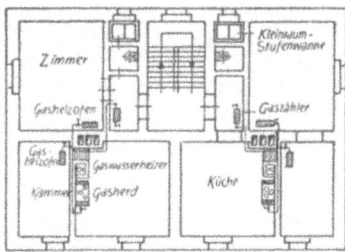

ERDGESCHOSS, 1. u. 2. OBERGESCHOSS

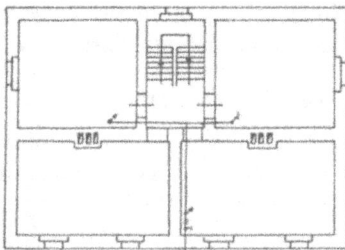

KELLERGESCHOSS

Bild 61.

Die Angaben der TVR
sind im Gegensatz zu de-
nen der Fa. Junkers für
Rohrlängen einschließlich
der Verbindungsstücke er-
rechnet. Beide Tabellen
sind gleich gut für Berech-
nungszwecke zu verwen-
den. Für das folgende
Berechnungsbeispiel sind
die Tabellenwerte der Fa.
Junkers zugrunde gelegt.

b) Berechnungsbeispiel

Für das im Grundriß (Bild 61) gezeichnete Siedlungs-
haus für 6 Familien ist die gesamte Gasinstallation zu planen
und die Rohrweiten zu bestimmen.

Gang der Berechnung. Zunächst werden die Gasgeräte und die Rohrleitungen in die Grundrisse eingetragen.
Es sind vorgesehen:

Zimmer: 1 Gasheizofen,
Kammer: 1 Gasheizofen,
Küche: 1 Gasherd,
         1 Gaswasserheizer, der das warme Wasser für die Küche und für die Kleinraum-Stufenwanne liefert.

Hiernach ist das Leitungsschema mit Rohrlängen nebst Anschlußweiten in isometrischer Darstellung anzufertigen. (Bild 62) Nunmehr wird der Wärmebedarf ausgerechnet und die Anschlußwerte der Geräte ermittelt.

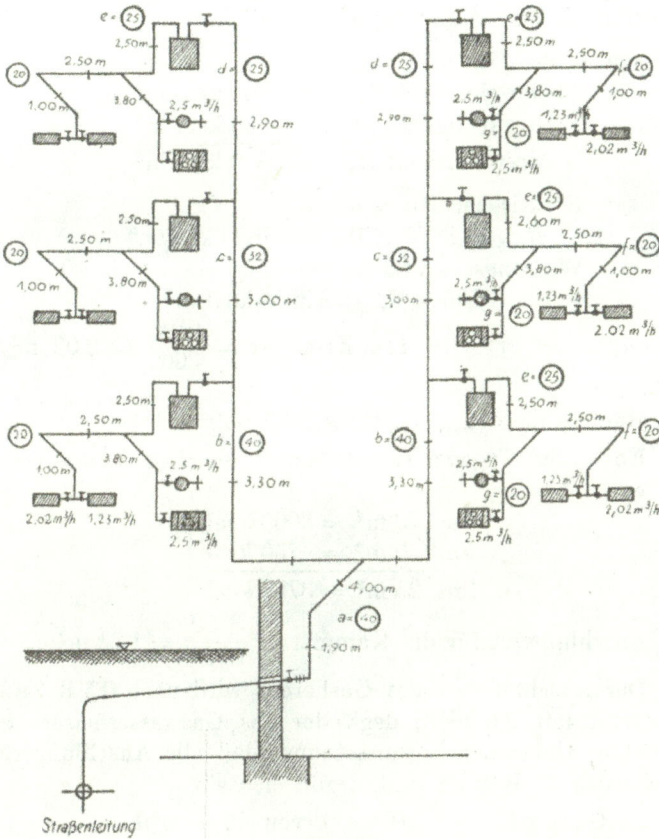

Bild·62.

Berechnung des Wärmebedarfs und der
Anschlußwerte.

Zimmer:

Raumgröße = $3,50 \times 4,00 \times 3,00 = 42$ m³
Lage   = günstig
Heizung   = zeitweise
Temperaturunterschied = $- 20^0 + 20^0 = 40^0$ C

Nach der Fagawa-Tabelle

für 40 m³ Raumgröße = 5900 kcal
für 2 m³ Raumgröße = 295 kcal

mithin für 42 m³ Raumgröße = 6195 kcal

Heizwert des Gases:

Oberer Heizwert H_o = 4300 kcal/m³
abzüglich 10%   = 430 kcal/m³
Unterer Heizwert H_u = 3870 kcal/m³

Praktischer Heizwert
$H_{u15} = 3870 \times 0,93 = 3600$ kcal/m³
Wirkungsgrad 85%
$3600 \times 0,85 = 3060$ kcal/m³

Anschlußwert für das Zimmer = $\dfrac{6195}{3060} = 2,02$ m³/h.

Kammer:

Raumgröße = $2,2 \times 3,90 \times 3,00 = 25$ m³.

Nach der Fagawa-Tabelle unter gleichen Verhältnissen
wie vor

für 20 m³ = 3000 kcal
für 5 m³ = 750 kcal
für 25 m³ = 3750 kcal

Anschlußwert für die Kammer = $\dfrac{3750}{3060} = 1,23$ m³/h.

Der Anschlußwert des Gasherdes wird nach TVR Ziff. 4
eingesetzt mit 2,5 m³/h, degl. der des Gaswasserheizers mit
2,5 m³/h. Unter der Voraussetzung, daß alle Anschlußgeräte
gleichzeitig im Betrieb sind, ergibt sich ein

Gesamtanschlußwert von 49,50 m³/h.

Wir können nunmehr die Rohrweiten wie folgt ermitteln:

a) Steigleitungen

Nach der Zahlentafel 2 der TVR haben wir die Rohrweiten zu suchen, unter *a* bei Aufstellung der Gasmesser in den Stockwerken, mit 2 Wohnungen je Stockwerk, Anzahl der Stockwerke einschließlich Erdgeschoß = 3, in der Spalte »ohne Bad« finden wir für die Entfernung von:

Hauptabsperrvorrichtung im

a u. *b* — Keller bis Erdgeschoß . 40 mm ⌀ (1½″)

c — Erdgeschoß bis 1. Stock . . 32 mm ⌀ (1¼″)

d — 1. Stock bis 2. Stock . . . . 25 mm ⌀ (1″)

Wir können in diesem Falle ohne weiteres die Spalte »ohne Bad« zugrunde legen, weil der Kleinwasserheizer in der Küche entweder nur warmes Wasser für die Küche oder für die Stufenwanne, niemals aber für beide abzugeben hat.

b) Innenleitungen

Die Zahlentafel 1 der TVR gibt uns die Rohrweiten für die Entfernung von

e — Gaszähler bis Abzweig

    Länge   = 2,50 m,

    Anschlußwert = 8,25 m³/h,

    Rohrweite   = 25 mm ⌀ (1″).

f — Abzweig bis zu den beiden Heizkörpern

    Länge   = 3,50 m,

    Anschlußwert = 3,25 m³/h,

    Rohrweite   = 20 mm ⌀ (¾″).

g — Abzweig bis Herd und Gaswasserheizer

    Länge   = 3,80 m,

    Anschlußwert = 5 m³/h,

    Rohrweite   = 20 mm ⌀ (¾″).

Aus den nunmehr ermittelten Rohrweiten berechnet sich der Druckverlust an der Endstelle zu:

Strecke	Länge in m	Anschluß- wert m³/h	Rohrweite mm ⌀	Gasdruck- verlust pro m oder Stück	Druck- verlust der ganzen Strecke
a	5,90	49,50	40	0,01 + 0,11	0,06 0,11
b	5,30	24,75	40	0,01 + 0,12	0,05 0,12
c	3,00	16,50	32	0,06 + 0,06	0,18 0,06
d	2,90	8,25	25	0,02 + 0,12	0,06 0,12
e	2,50	8,25	25	0,02 + 1,08	0,06 1,08
f	3,50	3,25	20	0,05 + 1,90	0,20 1,90
g	3,80	5,00	20	0,06 + 2,76	0,24 2,76

Gesamtdruckverlust mm/WS: 7,00

Bei einem **Anfangsdruck** am Hausanschluß von 60 mm WS würden hiernach an der **Endstelle** der Gasleitung noch $60 - 7 = 53$ mm WS verfügbar sein. Gehen im Gasgerät durch Reibungsverlust noch weitere 10 mm WS verloren, dann stehen uns immer noch 43 mm WS zur Verfügung, so daß wir mit einem **Fließdruck** von 40 mm bestimmt rechnen können.

Soll auf spätere Erweiterung Rücksicht genommen werden, dann muß auch nach dieser Richtung eine genaue Berechnung der entsprechenden Rohrweiten vorgenommen werden.

In dem durchgerechneten Beispiel handelt es sich um eine Gasanlage für ein Siedlungswohnhaus, bei welchem mit äußerster Sparsamkeit gebaut werden muß. Trotzdem ist die Dimensionierung der Rohrleitungen eine durchaus genügende, sie ist **wirtschaftlich vertretbar**.

Falls das Gaswerk höhere Anforderungen stellt, d. h. wenn die Steigeleitungen stärker bemessen werden sollen, dann müssen diese Bedingungen erfüllt werden.

11. Gasbrenner

Je nach der Verwendung des Gases für Heiz-, Leucht-, Koch- und Kraftzwecke sind die Brenner verschieden. Sie bestehen aus Gußeisen, Stahl, Speckstein, Porzellan usw. und lassen sich in zwei große Gruppen einteilen:

1. Brenner für leuchtende Flammen,
2. Brenner für entleuchtete Flammen.

a) Brenner für leuchtende Flammen

Ein aus einer Brenneröffnung austretendes, entzündetes Gas verbrennt, je nachdem die Öffnung ein kreisförmiges Loch oder ein Schlitz ist, mit einer langen, spitzen oder mit einer breiten, scheibenförmigen leuchtenden Flamme zu Kohlensäure und Wasserdampf. Die zur Verbrennung nötige Luftmenge wird teils durch die Ausströmenergie des Gases, teils durch den Auftrieb der heißen Flamme angesaugt. Das Leuchten der Gasflamme wird dadurch bewirkt, daß einzelne, im Steinkohlengas enthaltene Kohlenwasserstoffe infolge der Wärme zerfallen, sobald sie sich der Verbrennungszone nähern und die freigewordenen Kohlenstoffteilchen glühend werden, bevor sie verbrennen. In dem Augenblick, wo ein kalter Körper in eine solche leuchtende Flamme gebracht wird, ändert sich der Vorgang. Der Kohlenstoff verbrennt dann nicht mehr, obschon die Kohlenwasserstoffe zerfallen, sondern er schlägt sich als Ruß an dem kalten Körper nieder. Eine leuchtende Flamme ist daher für Gaskocher, Herde usw. nicht zu verwenden, weil dabei die Flamme die Gefäßwände berühren muß. Jedoch ist das ganze Gebiet der Gaswasserheizer mit dieser Art von Brennern mit leuchtenden Flammen ausgerüstet. Auch bei den Gasraumheizern, den Strahlungs- und Luftumwälzöfen, ferner bei Gasplättmaschinen, Heißmangeln u. a. m. finden wir leuchtende Flammen.

Einen solchen Brenner zeigt Bild 63. Der Brenner besteht aus einfachen Röhrchen von 6 bis 10 mm Durchmesser, welche in der Mitte eng, außen weiter, ganz außen am größten gebohrt sind. Dadurch erzielt man ein wirklich einwandfreies Flammenbild. Die Leuchtbrenner sind nur für Niederdruckgas, d. h. für normalen Druck des Stadtgases mit einem Brennerfließdruck von 30 mm bis 35 mm WS zu verwenden. Sie sind unbedingt rückschlagsicher. Im Herstellerwerk werden sie für einen bestimmten Fließdruck gebohrt und sind hiernach vom Gaseinrichter an der Gasdrosselschraube so einzuregulieren, daß die Flammenhöhe z. B. bei einem Fließdruck von 30 bis 35 mm WS = 50 bis 60 mm beträgt. Würde

man die Drosselung unterlassen, so wird dem Gasgerät zwar
eine größere Gasmenge zugeführt, dafür brennen aber die
Flammen zu groß, und das falsche Brennen hat ein Rußen
zur Folge. Die Leistung und damit der Wirkungsgrad des
Gerätes geht zurück; die Lebensdauer des Apparates nimmt
ab. Die Darstellung (Bild 64) von Prof. Junkers gibt ein

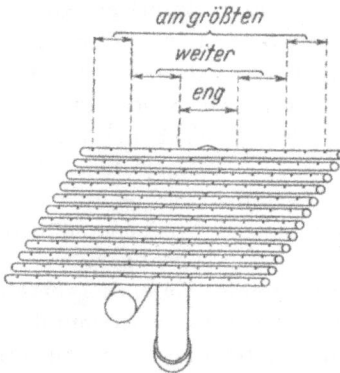

Bild 63.

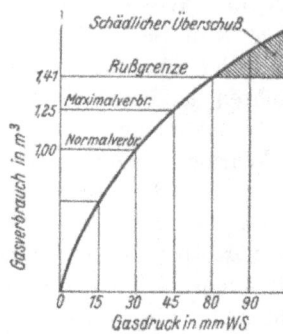

Bild 64.

anschauliches Bild von dem Verhältnis zwischen Gasdruck
und Gasverbrauch, und zeigt die durch den schädlichen Gas-
überschuß entstehende Rußgefahr.

Eine weitere Folge der falschen Brennereinstellung ist die
Überhitzung des Ofeninnenkörpers, ein Undichtwerden des
Gaswasserheizers und dadurch eine Verkürzung der Lebens-
dauer des Gerätes. Mit Rücksicht auf den verschieden hohen
Gasdruck am Tage empfiehlt es sich, die Einregulierung der
Brennerflammen stets bei höchstem Netzdruck vorzunehmen.
Besonders auch bei Druckwellengebung hat man so zu verfahren.

Die leuchtenden Flammen brennen mit einem blauen
Kern, der aus unverbrannten Gasen besteht, und der mit einer
rotgelblichen Hülle umgeben ist.

Bild 65 zeigt die typische Form der leuchtenden Flamme.

b) Brenner für entleuchtete Flammen

Im Gegensatz zu den leuchtenden Flammen haben die
entleuchteten Flammen einen straffen grünen Kern. Sie

lassen, wenn sie richtig einreguliert sind, eine große Wärmeentwicklung auf einen verhältnismäßig kleinen Raum zu. Die Temperatur ist also höher als bei der leuchtenden Flamme (s. Bild 66). Die Entleuchtung geschieht durch Zumischung von Luft zum Gas, bevor es verbrennt; es kann sich kein Kohlenstoff mehr ausscheiden, da er durch den Sauerstoff der beigemischten Luft sofort aufgezehrt wird.

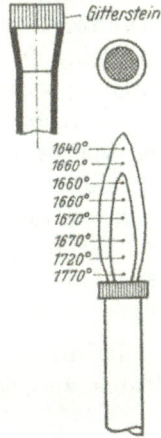

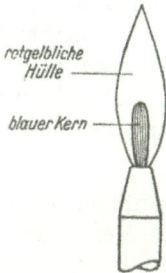

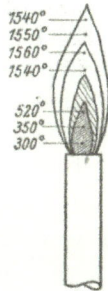

Bild 65.　　　　Bild 66.　　　　Bild 67.

Der Bunsenbrenner. Im Bunsenbrenner (Bild 68) strömt Gas aus der Düse mit einem zum Rohrnetzdruck in Beziehung stehenden Überdruck aus und saugt durch die Luftzutrittsöffnungen des Mischrohres eine gewisse Menge Luft an. Das Gas verbrennt vollständig mit kurzer und heißer, nicht leuchtender Flamme ebenfalls zu Kohlensäure und Wasserdampf. Bei der Berührung der Flamme mit kalten Flächen tritt eine Rußbildung nicht ein.

Durch Zerlegung der Flamme mittels aufgesetztem Gitterstein (Karborund) hat der Bunsenbrenner eine wesentliche Verbesserung erfahren. Nach diesem Prinzip ist der Mekerbrenner, der in Bild 67

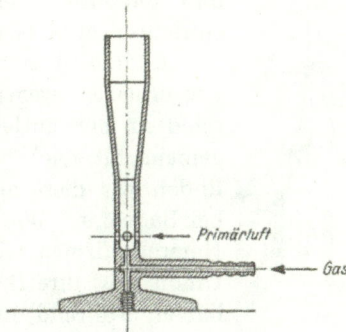

Bild 68.

gezeigt wird, gebaut. Die Flammentemperatur wird erhöht und ein Rückschlagen der Flamme ist normalerweise nicht möglich.

Voraussetzung für das richtige Brennen des Bunsenbrenners ist, daß Gas und Luft sich in entsprechendem Verhältnis mischen. Zur vollkommenen Entleuchtung muß dem Gas — je nach dem Wassergehalt des Gases — ein Drittel bis zur Hälfte der zur vollkommenen Verbrennung erforderlichen Luftmenge als Erstluft (Primärluft) vor dem Brenner durch die Injektorwirkung der Düse zugeführt werden. Die Einstellung der Primärluft geschieht durch den Luftschieber und ist dann richtig, wenn das Gas an der Verbrennungsstelle eine straffe, kurze, durchsichtige, blaue, nicht leuchtende Flamme mit scharf begrenztem grünem oder blaugrünem Kern bildet.

Ist die Einstellung nicht richtig erfolgt, dann schlägt die Flamme zurück und das Gas entzündet sich an der Düse.

c) Rückschlagen der Flammen

Die zurückgeschlagene Flamme ergibt dann Bild 69 und erzeugt einen von unvollkommener Verbrennung herrührenden widerlichen Geruch. Der Gashahn ist dann zu schließen, die Flamme ist nach richtiger Einstellung von neuem zu entzünden.

Genaue Einstellung eines jeden Bunsenbrenners und Reinhalten der einzelnen Teile muß der Gaseinrichter aufs Genaueste beachten.

An und für sich liegt es nahe, daß man die Gaswasserheizer wegen der hervorragenden Eigenschaften der entleuchteten Flammen ganz allgemein mit solchen Brennern ausrüstet und doch finden wir diese nur immer bei Gasherden, selten bei Badeöfen. Wie kommt es, daß die meisten Herstellerfirmen wie Junkers, Godesa, Vailliant, Union usw. ihre Brenner für leuchtende Flammen

Bild 69. bauen, während nur wenige, z. B. die Firmen Ruud-Hamburg und die Butzkewerke-Berlin, Brenner mit entleuchteten Flammen verwenden?

Wir haben gesehen, daß ein Rückschlagen der Flammen eintreten kann, wenn das Verhältnis von Gas zu Luft im Mischrohr nicht ein ganz bestimmtes ist, d. h. wenn beim Nachlassen des Druckes die ausströmende Gasmenge geringer und die Erstluftmenge größer wird. Die Folge ist eine unvollkommene Verbrennung des Gases oder ein gänzliches Verlöschen der Flamme. In beiden Fällen bedeutet das eine Gefahr für die Menschen, denn entweder atmen sie Kohlenoxyd oder Frischgas ein. Normalerweise ist diese Gefahr beim Kochherdbrenner deswegen nicht allzuoft gegeben, weil der Bedienende ·stets solange am Gasherd bleibt, bis der Brenner richtig brennt. Gänzlich ausgeschlossen ist die Gefahr des Zurückschlagens der Flamme bei den Gaswasserheizern derjenigen Firmen, die bereits genannt wurden, welche Geräte mit Leuchtflammenbrennern bauen.

Um aber auch bei den Gaswasserheizern mit entleuchteten Brennern ein Höchstmaß von Sicherheit gegen das Zurückschlagen der Flammen zu erreichen, haben die Firmen Ruud und Butzkewerke Spezialbrenner geschaffen. Bei diesen Geräten ist in die Gaswasserarmatur ein Gasschalter mit Mengenregler und ein Druckregelventil mit Wassermangelsicherung eingebaut.

d) Gasbrenner für Großkessel

Die bei den Großkesseln für Heizungszwecke und zur Warmwasserbereitung benutzten Brenner sind meistens ringförmig und haben Metalleinsätze in den Brennerlöchern. Sie sind mit einer Zündsicherung ausgerüstet, die in Abhängigkeit von der Zündflammenwärme arbeitet und das Ausströmen unverbrannten Gases am Brenner verhindert, wenn die Zündflamme nicht brennt bzw. in der Zündflammenleitung kein Gas fließt.

Die Fa. Junkers und Co., Dessau, versieht ihre GasWasserheizkessel mit Leuchtflammenbrennern, welche aus vier Rohren bestehen, auf welche Speckstein-Brennerdüsen aufgeschraubt sind. Die vier Brennerrohre werden vorn in einem Sammler gehalten, der durch zwei Schrauben von außen an dem Kessel befestigt ist. Zum Reinigen des Kessels kann der Brenner nach Lösen der beiden Schraubenmuttern herausgenommen werden.

Die Firma Bamag-Meguin-A.-G., Berlin, rüstet ihre Bamag-Gaskessel für Schornsteinzug mit geraden Rohrbrennern aus, und zwar erhält jedes Rohr einen Einzelbrenner, der auch bei Kleinstellung rückschlagsicher ist.

Bei den ganz großen Kesseln für Gasfeuerung kommt man mit den bisher beschriebenen Brennern nicht mehr aus. Man wählt hierfür

e) Hochleistungsbrenner

für höheren Gasdruck, welche als Bunsenbrenner, also mit entleuchteter Flamme, gebaut sind. Solche Brenner sind geeignet für eine Beheizung über 600⁰ C; man führt Preßluft, Preßgas oder beides gepreßt hinzu. Ihre Anwendung finden wir in der industriellen Gasverwertung.

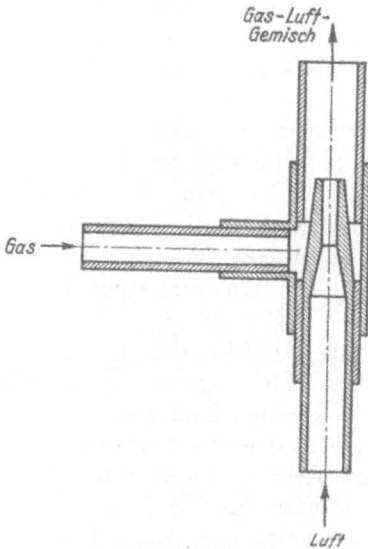

f) Preßluftbrenner

Wie Bild 70 zeigt, wird die Luft von unten und das Gas getrennt hiervon seitwärts zugeführt. Das Mischungsverhältnis ist etwa 1 : 5. Bei den Systemen der Firmen Pharos, Lindner, Dujardin werden nur 2 Teile Luft komprimiert und die restlichen Luftteile wie beim Bunsenbrenner von der Druckluft angesaugt. Die von dem Kompressor erzeugte Preßluft hat einen Druck von 1000 bis 1500 mm WS = 0,1 bis 0,15 at.

Bild 70.

Die Vorteile der Preßluftbrenner sind die kurze, scharfe, anpassungsfähige Flamme. Die Öfen sind vollkommen schließbar.

Der Nachteil ist der Luftkompressor, deswegen ist die Rentabilität nur bei höheren Temperaturen gegeben.

g) Preßgasbrenner

Bei diesen Brennern wird das Gas in einem Kapselgebläse auf 1500 bis 8000 mm WS komprimiert. Bild 71 des Keith-Brenners zeigt die Zuführung des Gases von unten und den Zutritt der Luft, die vom Gas angesaugt wird, seitwärts von der Verengungsdüse, und zwar 4 bis 5 Teile.

Der Vorteil des Keith-Brenners besteht darin, daß nur ein Rohr in den Ofen geführt wird. Während der Nachteil in der schwierigen Brennerkonstruktion besteht.

Für eine Großanlage mit vielen Öfen verwendet man den Selasgasbrenner (Bild 72).

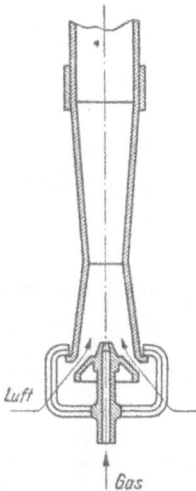

Beim Selasgasbrenner wird ein Gemisch von Preßluft, die oben zugeführt wird, und ein Gas-Luftgemisch, welches unten eintritt, benutzt. Das letztere besteht aus 1 Teil Gas und 1,5 bis 2 Teilen Luft, ist also noch nicht explosibel, und tritt unter 600 bis 1500 mm WS Druck aus einer Düse aus

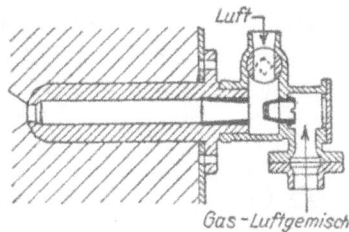

Bild 71.

Bild 72.

und saugt die Verbrennungsluft an. Die Selasmaschine entspannt zunächst das Gas auf 0 mm WS Druck und führt es dann, gemischt mit Luft, dem Brenner zu. Bild 72 läßt einen solchen Brenner erkennen. Bei einer aus einer Ofenbatterie bestehenden Großanlage geschieht die Einregulierung aller Öfen von einer Zentrale aus.

Die Brennerköpfe werden in die Ausmauerung des Ofens eingebettet wie Bild 73 zeigt. Die Firma B. Schilde A.-G., Hersfeld, baut einen solchen Brenner mit Kühlrippen. Der

Brennerkopf besteht aus Gußeisen, die angegossenen Kühlrippen sorgen dafür, daß der Brenner nicht zu heiß wird.

Den Steinstrahlbrenner der Fa. Fr. Krupp A.-G., Essen zeigt das Bild 74. Das Gas wird auf 200 bis 300 mm WS, die Luft auf 400 bis 1000 mm WS Druck gepreßt. Das Gas-

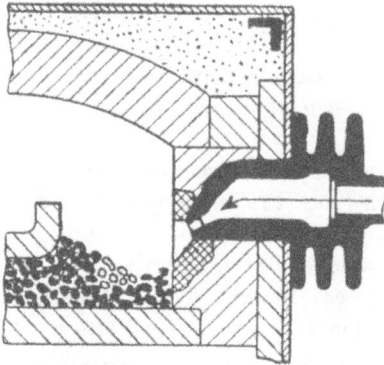 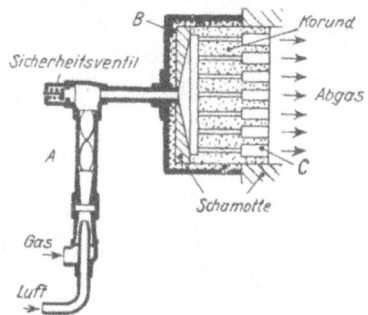

Bild 73.   Bild 74.

luftgemisch strömt durch die Mischleitung A und die engen Bohrungen des Korundsteins in die Erweiterungen C, wo sie verbrennen und den Strahlstein glühend machen. Ein vorgebautes Sicherheitsventil sorgt dafür, daß Explosionsdrucke u. dgl. zur Entspannung gelangen.

Die Intensivabrenner der Fa. Industrie-Gasfeuerung, Heinrich Schmuck, Hamburg, finden in gewerblichen und industriellen Gasanlagen Verwendung sowohl für Niederdruck- als auch für Hochdruckgas.

Hat der Gaseinrichter in Sonderfällen selbst die Wahl der Brenner zu treffen, so muß er die Anzahl und die Größe der Brenner berechnen und zuvor den Gesamtanschlußwert in m³/h ermitteln. Die folgende graphische Darstellung zeigt die Beziehung von Gasdruck in mm WS zum Gasverbrauch in l/h der Intensivabrenner.

Der Gang einer solchen Berechnung soll in einem Beispiel aus der Praxis durchgeführt und erläutert werden.

h) Berechnungsbeispiel

Ein Speisenwärmeschrank mit 0,6 m³ Wasserinhalt soll mit Gas beheizt werden (Bild 75). Das Wasser ist in einem Zeitraum von 50 min von 10⁰ auf 50⁰ C zu erwärmen. Zur Verwendung kommen Intensivabrenner. Das Gas hat einen praktischen Heizwert von 3800 kcal/m³ und einen Fließdruck von 70 bis 80 mm WS. Die Anzahl der Brenner ist zu errechnen und deren Größe zu bestimmen.

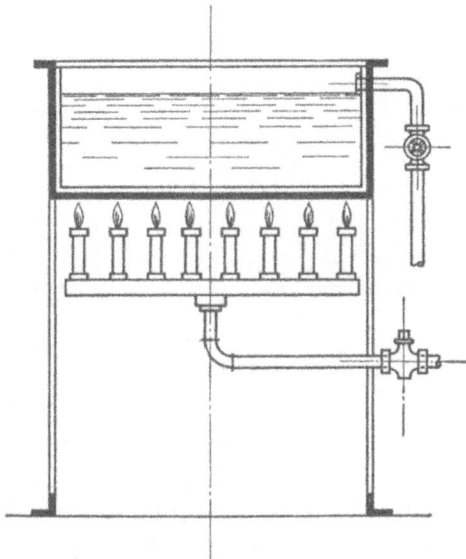

Bild 75.

Lösung: 0,6 m³ Wasser sind 600 l; in 50 min bedeutet das eine

$$\text{Leistung} = \frac{600}{50} = 12 \text{ l Wasser pro min.}$$

oder

$$12 \times 60 = 720 \text{ l Wasser/h.}$$

Die Erwärmung soll geschehen auf 50⁰ C, d. h. von 10⁰ auf 50⁰ = 40⁰ C Temperaturunterschied. Somit ist der Wärmeaufwand

$$= 720 \times 40 = 28800 \text{ kcal/h}$$

Der Gesamtanschlußwert für alle Brenner ergibt sich, da 1 m³ Gas = 3800 kcal sind, zu $\dfrac{28\,800}{3\,800} = 7{,}6$ m³ Gas und bei einem Wirkungsgrad von 90% ist $\dfrac{7{,}6}{0{,}9} = 8{,}4$ m³ Gas pro h erforderlich um 720 l Wasser in einer Stunde oder 0,6 m³ Wasser in 50 min von 10⁰ auf 50⁰ C zu erwärmen.

Die passenden Intensivabrenner sind entweder die Type (Bild 76)

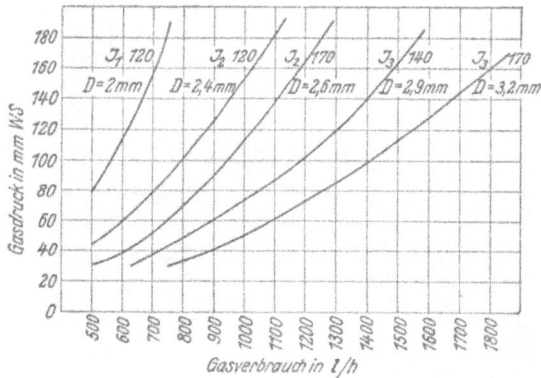

Bild 76.

a) $J_2 - 120$ mit 700 l Gasverbrauch pro h bei einem Fließdruck von 80 mm WS und einer Düsenbohrung $D = 2{,}4$ mm. Es kommen in Frage

$$\frac{8\,400}{700} = \textbf{12 Brenner, Type } J_2 - 120$$

oder

b) $J_3 - 140$ mit 1050 l Gasverbrauch pro h bei einem Fließdruck von 80 mm WS und einer Düsenbohrung von $D = 2{,}9$ mm. In diesem Falle kommen in Frage

$$\frac{8\,400}{1\,050} = \textbf{8 Brenner, Type } J_3 - 140.$$

In der Praxis kommt es darauf an, zu prüfen, wie groß die zur Verfügung stehende Bauhöhe ist, und danach muß die entsprechende Type gewählt werden.

12. Gaswasserheizer

a) Vorzüge

In dem großen Gasverwendungsgebiet nimmt das Gas zur Warmwasserbereitung, zum Baden, Waschen, Kochen einen sehr großen Raum ein. Nicht nur im Haushalt, sondern auch in der Industrie, im Gewerbe dringt das Gas als Wärmequelle weiter vor.

Die Gaswasserheizer bieten die weitgehendste Sicherheit, weil sie mit Sicherheitsvorrichtungen ausgerüstet sind, die eine Gewähr für störungsfreies Arbeiten geben.

Gaswasserheizer arbeiten mit sehr hohem Wirkungsgrad und sehr wirtschaftlich. Sie sind billig in der Anschaffung und haben eine hohe Lebensdauer.

Alle diese Vorzüge, zu denen noch die Bequemlichkeit in der Bedienung, der Zeitgewinn und die Sauberkeit hinzukommen, zeigen, daß sie anderen Wasserheizern gegenüber weit überlegen sind. Sie erfordern keine lange Anheizzeit und sind unabhängig von Nachtsondertarifen.

b) Arten der Gaswasserheizer

Wir unterscheiden:
1. Durchlaufwasserheizer,
2. Vorratswasserheizer.

α) Durchlaufwasserheizer

Die meisten Gaswarmwasserbereiter werden als Durchlaufwasserheizer gebaut. Das Wasser wird während des Durchfließens durch das Gerät erwärmt, es tritt unten kalt in den Heizkörper ein, steigt in dem Gerät in die Höhe und läuft oben erwärmt wieder aus.

In der Gruppe der Durchlaufwasserheizer haben wir zu unterscheiden:

Kleinwasserheizer. Sie werden gebaut als selbsttätig und nicht selbsttätig wirkende Geräte für Haushaltungen, Ärzte, Friseure usw. mit einer Leistung bis zu 130 kcal/min.

Ihr Aufbau geht aus Bild 77 hervor. Die Öfen sind nicht druckfest oder druckfest gebaut. (Bild 78)

Die äußere Ausführung dieser Kleinwasserheizer zeigt der Junkers Quell, der für eine oder mehrere Zapfstellen Verwen-

7*

dung finden kann (Bild 79). Die Geräte haben nur einen Ab-
gasabweiser, weil sie nicht an einen Schornstein angeschlossen
zu werden brauchen (s. TVR Ziff. 50).

Wasserheizer. Diese umfassen die
große Gruppe der Badeöfen, selbsttätig
oder nicht selbsttätig arbeitend. Sie

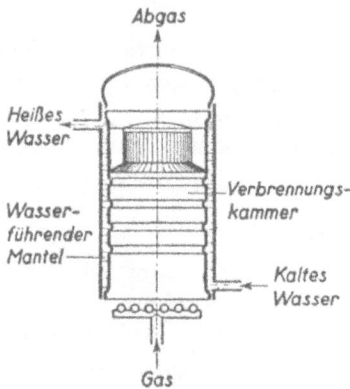

Bild 77.   Bild 78.

werden gebaut bis zu einer Leistung von 250 kcal/min, ihr
Aufbau wird durch Bild 80 gekennzeichnet. Sie werden heute
alle druckfest und schwitzwasserfrei hergestellt im Gegensatz zu den älteren, nicht druckfesten Ausführungen.

Aufbau und Wirkungsweise des Durchlauf-
wasserheizers. Das Gerät besteht aus dem Innenkörper mit
der rohrgekühlten Verbrennungskammer, der Armatur mit
dem Gaszuführungsrohr und dem äußeren Ziermantel sowie der
aufgebauten Zug- und Rückstromsicherung.

Der Innenkörper hat meistens eine rechteckige nach
oben ein wenig konisch zulaufende Grundform und trägt oben
einen Lamellenheizkörper. Die innere Verbrennungskammer
ist mit einer in einem bestimmten Abstand gewundenen
Rohrschlange umgeben, die mit der Metallwand der Verbrennungskammer wärmeleitend verbunden ist (Auflötung).
Diese Konstruktion ermöglicht es, daß die Schwitzwasserbildung vollständig vermieden ist. Es wird damit erreicht, daß
die Wandung in allen Teilen während des Betriebes eine so hohe

Temperatur annimmt, daß eine Abkühlung der Heizgase unter den Taupunkt und infolgedessen ein Kondensieren des Wasserdampfes in den Abgasen nicht erfolgen kann, doch bleibt aber andererseits die Temperatur der Wandung so niedrig, daß ein Verschleiß durch Überhitzung nicht eintritt. Die Bedingung,

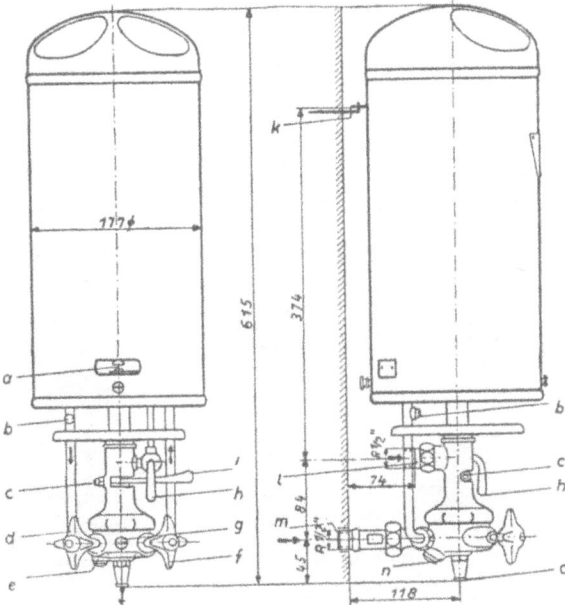

Bild 79.

daß ein Badeofen s c h w i t z w a s s e r f r e i arbeiten muß, wird heute von allen Herstellerfirmen erfüllt.

Durch den unterteilten L a m e l l e n h e i z k ö r p e r werden die Heizgase in viele dünne Schichten unterteilt und dadurch findet ein intensiver Wärmeübergang aus den Heizgasen an die Lamellen statt, die ihrerseits die Wärme durch die Lamellenrohrschlange an das Wasser abgeben. An der obersten Stelle tritt das warme Wasser aus und wird je nach Bauart zu einem Umstellhahn für Wanne und Brause geführt.

Die folgenden Abbildungen geben die Formen der Gasbadeöfen V.W. 32 (Bild 81) und N.W. 32 (Bild 82) der Firma Junkers wieder.

Die Wirkungsweise der Durchlaufwasserheizer ist denkbar einfach. Das Wasser, welches kalt in den Ofen von unten eintritt, wird während des Durchlaufens erwärmt. Es tritt ununter-

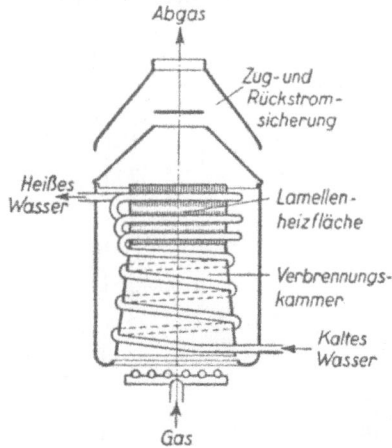

Bild 80.

brochen warmes Wasser aus dem Ofen aus und zwar mit einer Temperatur, welche der Einstellung des Gerätes entspricht. Die Auslauftemperatur kann gesteigert werden bis 60° C und bei den Kochendwasserheizern bis zum Siedepunkt.

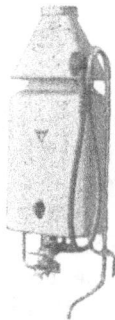

Bild 81.

Bild 82.

Bedienung des Ofens. Zur Bedienung des Ofens dient
die Hahnsicherung, welche aus Gas-, Wasser- und Zündflammenhahn besteht. Ohne diese Sicherung darf nach der
TVR kein Badeofen gebaut werden; sie bietet eine Gewähr
dafür, daß eine Beschädigung durch unachtsame Bedienung
ausgeschlossen ist. Der Zusammenbau zu einer Armatur
erfolgt so, daß vor dem Gebrauch stets erst der Wasser-
hahn und Zündflammenhahn und zuletzt der Gashahn geöffnet,
und umgekehrt nach dem Gebrauch erst der Gashahn
und dann der Wasser- und Zündflammenhahn geschlossen
werden muß. Unter der Armatur ist eine Manometerschraube
angebracht, am Wasserventil kann der Ofen nach Fortnahme
der Entleerungsschraube entleert werden, und unter dem Gas-
konushahn läßt sich das Gas mit Hilfe der Gasdrosselschraube
regulieren. Die Wassereinstellung geschieht durch Betätigung
der Wasserdrosselschraube, die nach Abnahme der Verschluß-
schraube zugänglich ist, und zwar muß bei voll geöffnetem Warm-
hahn die Auslauftemperatur wenigstens 35⁰ C sein.

c) Wassermangelsicherung

Die nicht selbsttätigen Wasserheizer können mit Wassermangelsicherung ausgerüstet sein, die zum Schutze des Gerätes gegen Beschädigung durch Überhitzung eingebaut sind.

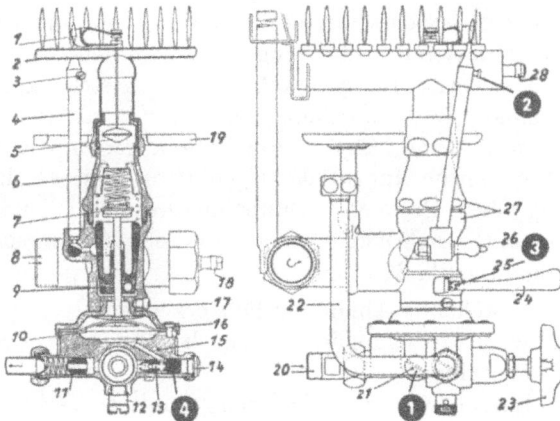

Bild 83.

Wie Bild 83 zeigt, sperrt die Wassermangelsicherung die Gaszufuhr zum Brenner selbsttätig, sobald die Mindestwassermenge infolge zu starker Wasserentnahme aus anderen Zapfstellen oder infolge Störungen im Kaltwasserzulauf unterschritten wird. Sie öffnet das Gasventil selbsttätig, sobald die Mindestwassermenge erreicht ist.

Selbsttätige druckfeste Wasserheizer. Diese Gaswasserheizer arbeiten vollautomatisch und dienen zur zentralen Warmwasserversorgung mehrerer Zapfstellen. Das von unten zugeführte kalte Wasser wird während des Durchfließens durch den Apparat erwärmt. Solange die Flammen brennen, kann an beliebiger Stelle der mit dem Apparat verbundenen Warmwasserleitung durch bloßes Öffnen eines Zapfhahnes heißes Wasser zu jeder Zeit entnommen werden.

Aufbau und Wirkungsweise der selbsttätigen, druckfesten Gaswasserheizer

Die Geräte bestehen aus:

Automatenschalter,

Innenkörper,

Ummantelung.

Sie unterscheiden sich im Grunde genommen lediglich durch den Automatenschalter von einem Durchlaufwasserheizer (Badeofen). Der Heizkörper mit den umlaufenden Rohrschlangen ist derselbe, es kann daher auf die Beschreibung des Badeofenaufbaues hingewiesen werden.

Die Ummantelung besteht heute meistens aus Stahlblech, entweder weiß emailliert oder gespritzt, die in einfacher Weise vom festmontierten Automaten abgenommen werden kann. Die ganzen Innenteile liegen dann frei, so daß eine Reinigung des Brenners, Einregulierung des Automatenschalters, mit Leichtigkeit vom Gaseinrichter vorgenommen werden kann (Bild 84 u. 85).

Die vorstehende Abbildung läßt erkennen:

Die leichte Zugänglichkeit nach Abnahme der Ummantelung,

den Innenkörper mit der rohrgekühlten Verbrennungskammer,

den Unterbau des Automatenschalters.

d) Der Automatenschalter

Der Automatenschalter und seine Wirkungs-
weise. In der Konstruktion der automatisch wirkenden Gas-
wasserschalter unterscheiden sich die einzelnen Fabrikate sehr.

1. Wasserheizer mit flacher Membran,
2. Wasserheizer mit Blasenmembran,
3. Wasserheizer mit Kolbenbetätigung.

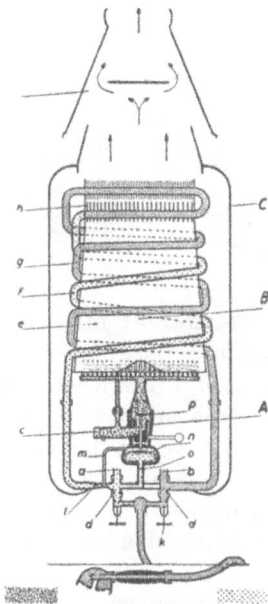

Bild 84.

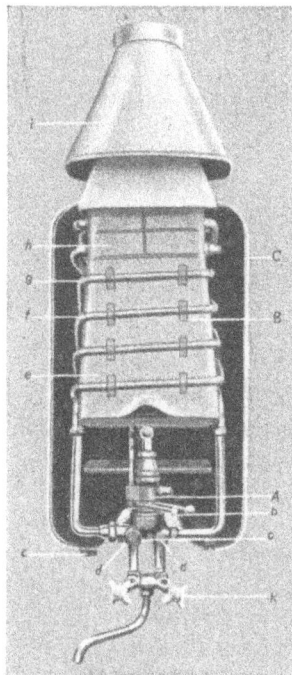

Bild 85.

1. Automatenarmatur für Wasserheizer mit
flacher Membran. Die Wirkungsweise wird durch die folgende schematische Darstellung veranschaulicht (Bild 86).

a) Bei geschlossenem Zapfhahn besteht vor und
hinter der Stauscheibe der gleiche Druck, also auch in den beiden Wasserkammern zu beiden Seiten der Membran. Die

flache Membran befindet sich in Ruhelage, das Gasventil ist mit Hilfe der Feder geschlossen.

b) **Bei geöffnetem Zapfhahn** wird der Druck in der vorderen Wasserkammer durch die Entlastung hinter der Stauscheibe größer. Infolgedessen wölbt sich die Membran durch die entstehende Druckdifferenz und öffnet nach Überwindung des Federdruckes das Gasventil. Das Gas strömt dem Brenner zu und kommt durch die Zündflamme zur Entzündung.

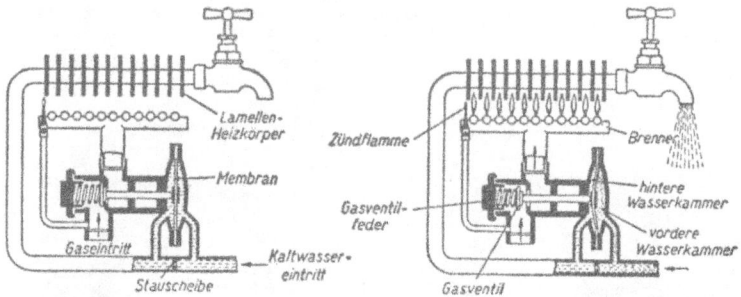

Bild 86.

2. **Automatenarmatur für Wasserheizer mit Blasenmembran.** Im Prinzip ist die Wirkungsweise bei dieser Gaswasserarmatur dieselbe wie bei der unter 1. beschriebenen. Auch die Blasenmembran hat die Aufgabe, die zwischen der vorderen und hinteren Wasserkammer entstehende Druckdifferenz für die Betätigung des Gasventils auszunützen. Neuartig ist jedoch, daß die Form der bisher flachen Scheibe durch einen zentral befestigten, geschlossenen Gummikörper (Blase) ersetzt worden ist.

Das wichtigste Merkmal dieser Arbeitsweise ist, daß sich die aufgeblähte Blasenmembran im Betrieb bei völliger Entlastung des Materials an die Gehäusewandung anlegt. Infolgedessen können Spannungen und Verformungen, wie sie bei der Plattenmembran auftreten, nicht vorkommen. Die Vorzüge der Blasenmembran wirken sich infolge der geringen Beanspruchung des Membranmaterials in größerer Haltbarkeit, Vermeidung der Überhitzung des Heizkörpers und schnellem Schließen des Gasventils aus.

Bild 87 veranschaulicht die Arbeitsweise der Blasenmembran.

Neben der Membran ist für die Funktion des Wasserteils
der Gaswasserautomaten-Armatur am wichtigsten die Stau-
einrichtung.

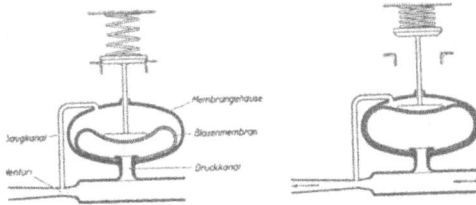

Bild 87.

Aus der einfachen Stauscheibe entstand der Staukegel oder
die Stauschraube und daraus

das Venturi mit Ventil.

Die folgende Darstellung läßt den Unterschied der verschiedenen Staueinrichtungen und die Verbesserung der Druck-

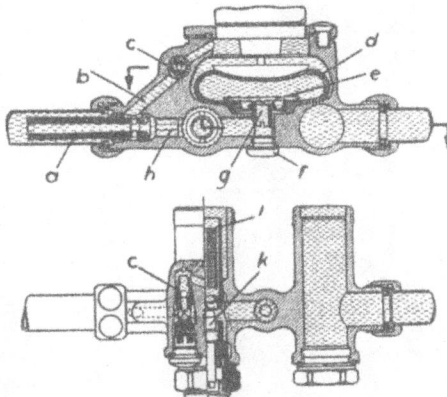

Bild 88.

verhältnisse, d. h. eine wesentliche Herabsetzung der Druckverluste des Venturi mit Ventil erkennen. Dieser bemerkens-
werte Fortschritt wirkt sich in der Praxis so aus, daß die mit
Venturi mit Ventil ausgerüsteten Geräte ohne Vornahme
von Änderungen bei niedrigem Wasserdruck verwendbar sind.

Die Arbeitsweise des Venturi mit Ventil läßt die folgende Abbildung erkennen.

Die Entwicklung hat es mit sich gebracht, daß für die Mehrzapf-Thermen normaler Ausführung das gegen Verschmutzung recht empfindliche Venturi mit Ventil abgelöst wurde durch ein Wasserteil mit Festventuri. Das Venturi mit Ventil ist zunächst nur für die Sonderausführung für schwachen Druck beibehalten worden.

Ein Wasserteil neuester Konstruktion mit Festventuri und einstellbarem Langsamzündventil läßt das Bild 88 erkennen.

e) Zündsicherung

Zu den weiteren Ausrüstungen eines neuzeitlichen selbsttätigen Gaswassserheizers gehört der zündsichere Automatenschalter (Bild 89), der einen weiteren Fortschritt in der Entwicklung der Sicherheitsarmaturen darstellt.

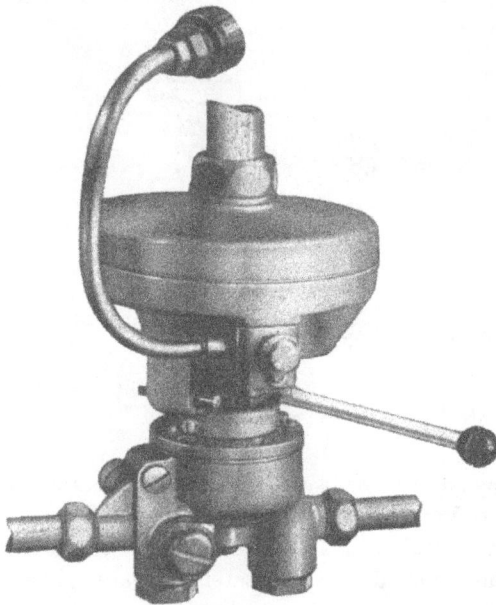

Bild 89.

Er erfüllt die nachstehenden Grundbedingungen:

1. Er verhindert den Gasaustritt am Brenner und am Zünder,
   a) wenn die Zündflamme nicht brennt,
   b) wenn das Gas kurz- oder langfristig ausbleibt;
2. er gibt volle Sicherheit gegen falsche Bedienung;
3. er hält die für das Gerät vorgeschriebene Gasmenge, unabhängig von den Gasdruckschwankungen im Gasrohrnetz, konstant;
4. er gibt die Gaszufuhr zum Brenner nur beim Brennen der Zündflamme frei, wenn genügend Warmwasser gezapft wird.

Der zündsichere Automatenschalter in Betrieb

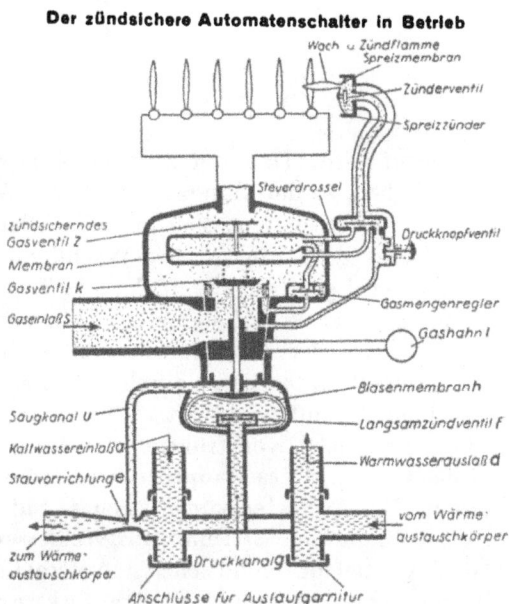

Bild 90.

Aus Bild 90 ist zu erkennen, daß der zündsichere Automatenschalter aus einem Gas- und einem Wasserteil besteht.

Der Gasteil besteht aus dem Gashahn, mit dem wassergesteuerten Hauptventil, der Membrankapsel, mit dem gas-

gesteuerten zündsicheren Hauptventil und dem Gasmengenregler, dem Druckknopfflansch und dem Spreizzünder.

Der Wasserteil enthält das Membrangehäuse mit der
Blasenmembran, den Kalt- und Warmwasseranschlußstutzen.

Ein wesentlicher Teil ist der Spreizzünder (Bild 91).

Wie aus der Abbildung zu sehen ist, wölbt sich die Spreizmembran nach außen auf, wenn sie mittels der Flamme eines

Spreizzünder

Bild 91.

Zündholzes erwärmt wird. Dadurch wird das Zündventil von
seinem Sitz abgehoben, so daß Zündgas durch das Wach- und
Zündflammenloch austreten und sich zur Wachflamme entzünden kann. Unter dem Einfluß der Wachflammenwärme
bleibt das Zünderventil geöffnet.

Beim Verlöschen der Wachflamme, sei es durch Zugluft,
sei es durch Abstellen der Gaszufuhr, erkaltet die Spreizmembran und drückt, unterstützt durch den Federstreifen,
das Zünderventil wieder auf seinen Sitz.

Durch diese sinnreiche Konstruktion des Junkers-Spreiz-
zünders wird das Gasventil des Hauptbrenners dadurch selbsttätig geschlossen. Ein Austreten von Frischgas, und damit die
Möglichkeit einer Explosion, ist somit ausgeschlossen.

Neben dem Gasteil der zündsicheren Automatenarmatur
sehen wir in der Schnittzeichnung ein Druckknopfventil.
Dieses erhält unter Umgehung des wassergesteuerten Haupt-
ventils durch einen Hilfskanal Gas. Beim Niederdrücken des
Druckknopfes strömt Gas durch den Hilfskanal über das
Druckknopfventil durch die Anzündleitung und tritt aus dem
Wach- und Zündflammenloch aus, wo es mit einem Zünd-
holz oder einem funkengebenden oder glühenden Gasanzünder,

Cereisenfeuerzeug u. dgl. entzündet wird. Die Anzündflamme erwärmt wiederum in 1 bis 2 s die Spreizmembran, und diese hält dann, wie bereits beschrieben, das Zünderventil offen. Nach dem Loslassen des Druckknopfes wird die Hilfskanalleitung wieder abgeschlossen und die innere Leitung — die Zünderleitung — versorgt nun die Wachflamme mit Gas.

3. Wasserheizer mit Kolbenbetätigung. Im Gegensatz zu den Gaswasserheizern mit Membransteuerung sind noch solche mit Kolbenbetätigung auf dem Markte. Bei diesen hat ein metallischer oder nicht metallischer Kolben dieselbe Funktion wie die Leder- bzw. Gummimembran.

Bild 92 zeigt eine solche Gaswasserarmatur.

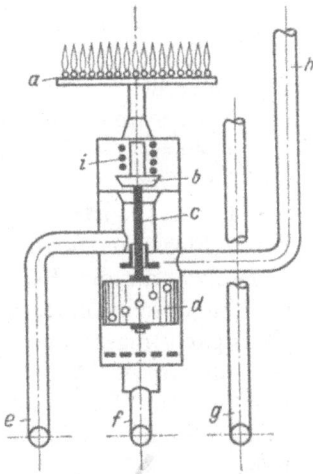 

Bild 92.   Bild 93.

f) Kochendwasserdurchlaufheizer (Bild 93)

In der Gruppe der Durchlaufwasserheizer nimmt der Kochendwasserheizer eine besondere Stelle ein. Er ist für kochendes, heißes, warmes und kaltes Wasser, an Stelle eines Wasserhahnes einzubauen und zu verwenden. Das Gerät ist druckfest gebaut, für einen Wasserdruck bis 8 atü und für Wasser mit einer vorübergehenden Härte bis zu 10 deutschen Härtegraden verwendbar. Da bei der Entnahme von kochendem Wasser allmählich eine leichte Bildung von Kesselstein eintritt, die physikalisch begründet ist und die um so stärker ist, je härter das Wasser ist und je höher es erhitzt wird, liefert das Herstellerwerk zur Entkalkung ein einfach zu handhabendes Reinigungsgerät (Bild 94).

Es besteht, wie die nachstehende Abbildung zeigt, aus dem Steinzeugbehälter *a*, welcher mit Wasser von 70⁰ C gefüllt wird, und dem entweder Salzsäure, Essig- oder Ameisensäure im Mischungsverhältnis 1:5 bzw. 1:3 zugesetzt wird. Diese Lösung durchfließt durch den Schlauch *e* die Wasserwege des Wasserheizers, ihre Durchflußgeschwindigkeit wird durch einen Quetschhahn *c* reguliert. Die aus dem Auslauf des Gerätes austretende getrübte Flüssigkeit wird erneut angesetzt und die Reinigung solange durchgeführt, bis die Flüssigkeit ungetrübt austritt. Sodann wird mit Wasser nachgespült. Die Bedienungsvorschrift der Firma Junkers ist dabei zu beachten.

Mit einem Temperatureinsteller lassen sich folgende Leistungen einstellen:

Warmes Wasser: 5,3 l/min von 10⁰ auf 35⁰ C.

Heißes Wasser: 2,3 l/min von 10⁰ auf 65⁰ C.

Kochendes Wasser: 1,4 l/min von 10⁰ C auf Siedetemperatur.

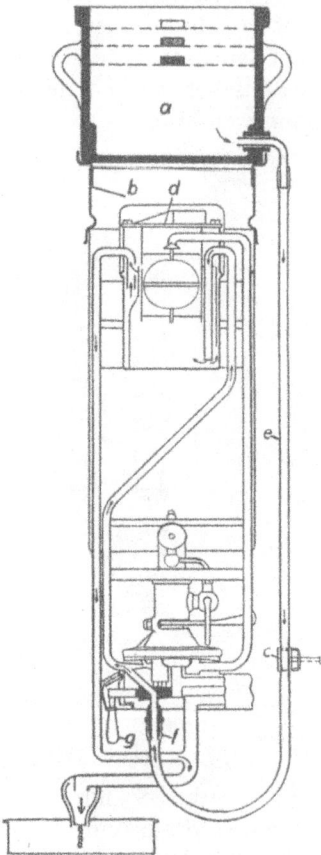

Bild 94.

β) Vorratswasserheizer

Während die in der ersten Gruppe beschriebenen Gaswasserheizer auf dem Prinzip der Erwärmung des Wassers während des Durchlaufens beruhen, sollen jetzt die Vorratswasserheizer behandelt werden. Diese Geräte haben einen gewissen Vorrat an Wasser von bestimmter Temperatur je nach Verwendungszweck.

Sie finden Verwendung bei Friseuren, Ärzten, Kaffeeküchen u. dgl., wo eine geringe Menge heißen Wassers gewünscht wird. Der zylindrische Wasserbehälter wird, von einer vertikalen, kegelförmigen Verbrennungskammer durchzogen, welche zur Aufnahme der Heizfläche dient und den Heizgasen den nötigen Auftrieb gibt.

Die Heizfläche besteht aus einem Lamellenkörper, der mit der Verbrennungskammer wärmeleitend verbunden ist. Sie teilt den Heizgasstrom in viele dünne Schichten, welche die Wärme aufnehmen und an das Wasser, welches die Verbrennungskammer umgibt, weiterleitet. Die Abgase treten oben aus dem Apparat aus, eine Abführung in den Kamin ist bei dem geringen Gasverbrauch und der vollkommenen Verbrennung nicht erforderlich (vgl. TVR Ziff. 50).

Im Gegensatz zu den unter 1. beschriebenen Kleinwasserheizern, muß bei den Vorratswasserheizern die Wassertemperatur durch einen Temperaturregler geregelt werden.

Er hat die Aufgabe, die Gaszufuhr abzustellen, sobald die eingestellte Wärmehöhe erreicht ist und den Gasstrom wieder freizugeben, sobald die Temperatur durch Abkühlung oder durch Zufluß von kaltem Wasser ein gewisses Maß unterschritten hat.

g) Temperaturregler

Der Temperaturregler wird als Kapsel in die Gasleitung eingebaut und mit dem Vorratswärmer leitend verbunden. Er ist nach dem Prinzip des Verdampfungsreglers entwickelt, in welchem eine Flüssigkeit verdampft bzw. in den flüssigen Zustand zurückgeführt wird. Durch diese Zustandsänderung wird eine elastische Metallmembran, welche unmittelbar auf das Gasventil arbeitet, hin- und herbewegt und damit das Gasventil geöffnet oder geschlossen.

Zur Entnahme von heißem, warmem und kaltem Wasser
sind Misch- und Zapfhähne angebracht. Die Temperatur ist
einstellbar je nach Verwendungszweck zwischen 60⁰ und 90⁰ C,
normal für etwa 65⁰ C. Die äußere Form eines Vorrats-
erwärmers für eine Leistung von 6 l Inhalt zeigt das Bild 78.
Die Geräte sind nicht druckfest und werden nur für
kleinere Vorräte gebaut.

h) Vorratserwärmung mit angebautem Umlauf-wasserheizer.

Eine solche Anlage für große Heißwasservorräte zeigt
die schematische Darstellung Bild 95. Sie besteht aus einem
Warmwasservorratsbehälter (Boiler), dessen Inhalt auf in-

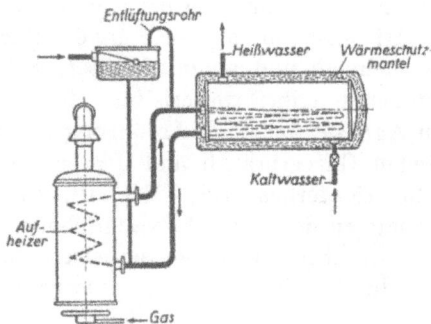

Bild 95.

direkte Weise durch eine Schlange von einem Gasaufheizer
aus erwärmt wird. Das Schlangensystem zirkuliert ständig,
wird gefüllt von einem Schwimmkugelgefäß und dehnt
sich im Entlüftungsrohr dorthin aus.

Der Boiler ist angeschlossen entweder direkt an die
Kaltwasserleitung oder indirekt an ein Füllgefäß. Das heiße
Wasser wird an der höchsten Stelle des Boilers entnommen
und den Zapfstellen zugeführt. Die Abkühlungsverluste werden
durch einen guten Wärmeschutzmantel auf ein Mindest-
maß beschränkt.

Der Vorteil einer so angelegten Gaswarmwasserbereitung
besteht darin, daß zu jeder Tages- und Nachtzeit eine stets

gleichbleibende Heißwassermenge von gewünschter Temperatur vorhanden ist, ohne daß der Vorrat nach einer gewissen Zeit erschöpft wäre, oder daß die Temperatur des Wassers wesentlich nachlassen würde. Die entnommene Heißwassermenge wird in kürzester Zeit wieder ergänzt. Der Boiler ist zu diesem Zweck mit einem Temperaturregler ausgerüstet und besitzt die erforderlichen Sicherheitsarmaturen.

13. Luftbedarf und Luftwechsel.

Wir haben gesehen, daß zur vollkommenen Verbrennung des Gases 7mal so viel Luft benötigt wird. Um also 1 m³ Gas zu verbrennen, müssen wir 7 m³ Luft aufwenden und bekommen = 8 m³ Abgase.

In jedem m³ Abgas sind rd. 112 g Wasserdampf enthalten, also in 8 m³ Abgasen sind $8 \times 112 = 896\,g = \sim 0,9\,kg$ Wasserdampf.

Nehmen wir einen normalen Badeofen mit einem Gasverbrauch von 103 l/min, so errechnet sich der Luftbedarf wie folgt:

Beispiel

Das Badezimmer soll einen Rauminhalt von $3,00 \times 2,00 \times 3,00 = 18\,m^3$ haben. Die Bereitung des Bades dauert etwa 15 min, mithin ist

der Gasverbrauch $= 15 \times 0,103 = \sim 1,5\,m^3$,
der Luftbedarf $= 1,5 \times 6 = 9\,m^3$.

Hieraus ergibt sich folgendes:

1. In $18 : 9 = 2$; $2 \times 15 = 30$ min ist der gesamte Sauerstoff des Baderaumes aufgebraucht, wenn nicht frische Luft zugeführt wird.

2. Bei Baderäumen unter 8 m³ Luftinhalt sind Gaswasserheizer in einem Nebenraum unterzubringen (Ziff. 37 der TVR), weil sonst Todesgefahr durch CO-Vergiftung besteht.

3. In Räumen mit einem Luftinhalt von mehr als 8 m³ bis zu 12 m³ dürfen Gaswasserheizer nur mit einer Nennbelastung bis zu 380 kcal/min (Nennleistung bis zu 320 kcal je min) und nur bei Anwendung von Badewannen mit höchstens 160 l Wasserinhalt aufgestellt werden. Zur ausreichenden Be- und Entlüftung des Raumes sind unten in der Tür oder an sonst

8*

geeigneter Stelle in der Nähe des Fußbodens und ferner nahe der Zimmerdecke Lüftungsöffnungen von je 100 bis 150 cm² herzustellen. Beide Öffnungen müssen, wenn in dem Baderaum ein Abort aufgestellt ist, nach dem gleichen Raum führen.

An Stelle der oberen Öffnung unter der Decke kann auch ein, im Baderaum angebrachtes, über Dach führendes Entlüftungsrohr dienen (Bild 96).

4. Bei einem Rauminhalt von mehr als 12 m³ bis zu 15 m³ bestehen keine Beschränkungen hinsichtlich der Größe der Gaswasserheizer und der Badewannen. Die Räume müssen die gleichen Öffnungen zur ausreichenden Lüftung wie unter 3. erhalten (Bild 97).

Bild 96.

5. Beträgt der Rauminhalt mehr als 15 m³ und mehr als das 2½ fache des stündlichen Gasverbrauches, so können Gaswasserheizer ohne zusätzliche Be- und Entlüftungsöffnungen darin aufgestellt werden.

14. Gasheizung

Das vielfach noch bestehende Vorurteil gegen die Gasheizung darf den Gasfachmann nicht irreführen bei der Werbung und der Aufklärung. Er muß in der Lage sein, sachlich Stellung zu nehmen zu den Fragen der Gasraumheizung. Die Entwicklung der Gasversorgung hat im Laufe der letzten Jahrzehnte große Fortschritte gemacht und doch ist im Verhältnis zu anderen kohlereichen Ländern die Zahl der Gasfeuerstätten noch außerordentlich gering. Das liegt zum Teil daran, daß Erfahrungen gesammelt werden mußten und daß die Erkenntnis über die Zweckmäßigkeit der Gasheizung erst allmählich Platz gegriffen hat. Nicht zuletzt wollen wir auf die nationale Forderung hinweisen, die Kohle als Rohstoff auszunützen und nicht als Brennstoff zu verwenden. Das erreichen wir, wenn wir noch mehr als bisher das Gas für Heizungszwecke nehmen.

a) Anforderungen an eine vollkommene Heizung

Es ist zunächst wichtig bei der Projektierung einer Heizungsanlage die erforderlichen Temperaturen je nach der Zweckbestimmung der Räume richtig zu wählen. In der kälteren Jahreszeit müssen die Räume, in denen wir uns aufhalten,

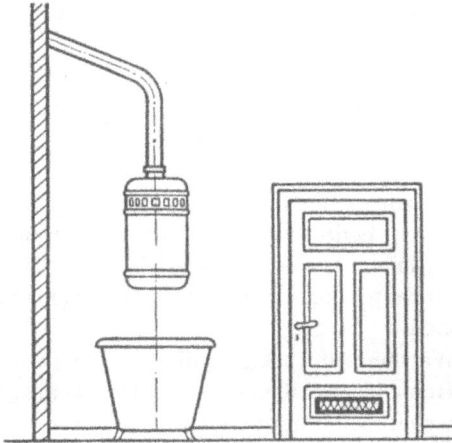

Bild 97.

genügend erwärmt werden, weil dem Menschen sonst zuviel. Wärme entzogen wird. Erkältungserscheinungen sind die Folgen. Die Temperaturen sind verschieden hoch, und zwar für

Wohnzimmer	
Badezimmer	
Geschäftszimmer	18⁰ bis 20⁰ C
Lehrsäle	
Schulräume	
Gaststätten	
Verkaufsräume (keine Lebensmittelverkaufsstellen)	15⁰ C
Lichtspielhäuser	15⁰ bis 18⁰ C
Turnhallen	16⁰ C
Schlafräume	12⁰ bis 15⁰ C
Werkstätten	
bei schwerer Arbeit	12⁰ bis 15⁰ C
bei leichter Arbeit	15⁰ » 18⁰ C

Kirchen	10°	»	12° C
Flure	5°	»	10° C
Kraftwagenschuppen	5°	»	6° C.

Die Forderungen, die an eine vollkommene Heizung zu stellen sind, können wir kurz wie folgt zusammenstellen:

1. Der Brennstoff muß sofort und dauernd zur Verfügung stehen.
2. Die Räume müssen in möglichst kurzer Zeit aufgeheizt sein.
3. Die Raumtemperatur muß unabhängig von den jeweiligen Außentemperaturen eingehalten werden.
4. Die Heizungsanlage muß in allen Teilen einfach und sauber zu bedienen sein, Ruß, Staub und Schmutz müssen leicht entfernt werden können.
5. Die Heizung darf keinerlei Luftverschlechterung verursachen.
6. Die Wärmeausnutzung muß eine hohe sein.
7. Die Heizkörper sollen wenig Platz beanspruchen und sollen sich der Raumausstattung gut und geschmackvoll anpassen.
8. Die Wirtschaftlichkeit muß eine gute sein; Anschaffungs- und Betriebskosten müssen tragbar sein.

b) Verbrennungstechnische Grundlagen der Gasraumheizung

Das, was bereits über Verbrennung gesagt worden ist, trifft auch hier zu. Der Verbrennungsvorgang ist derselbe, nämlich ein chemischer Vorgang, bei welchem die brennbaren Bestandteile des Gases Wasserstoff (H_2), Kohlenoxyd (CO) und schwere Kohlenwasserstoffe (CmHm) mit dem Sauerstoff der Luft sich verbinden. Die dadurch freiwerdende Wärme tritt aus dem Heizkörper in den zu beheizenden Raum ein.

Die Verbrennungsluft tritt durch die Undichtigkeiten der Türen, der Fenster usw. in den Raum ein. Dadurch entsteht eine dauernde Lufterneuerung, die für die Verbrennung erforderlich ist.

Durch diese Tatsache kann man dem vielfach bestehenden Vorurteil begegnen, die Gasraumheizung sei ungesund, es

bestände »trockene« Luft, es bliebe Stickstoff zurück. Alle
diese Vorwürfe lassen sich leicht dadurch entkräften, wenn
man darlegt, daß bei einer Heizung durch Kohlenofen die
Verhältnisse bezüglich der Verbrennung ganz ähnlich liegen.

Die Verbrennungsprodukte sind gleichfalls hin-
reichend beschrieben. Es soll an dieser Stelle nochmals auf die
Junkersche Darstellung hingewiesen werden, aus welcher zu
ersehen ist, daß der Stickstoff den größten Teil der Abgase ausmacht und der Wasserdampf den zweitgrößten Anteil hat. In
6 m³ Abgas sind etwa 4 m³ Stickstoff enthalten. Weitere Ausführungen über Abgase finden wir im Kapitel über Kamine und
Abgasleitungen.

Abgastemperatur und Wirkungsgrad. Die Beur-
teilung der Gasgeräte allein nach der Höhe der Abgastemperatur führt zu falschen Schlüssen. Eine Gasfeuerstätte mit
niedriger Abgastemperatur hat nicht ohne weiteres einen hohen
Wirkungsgrad. Zu berücksichtigen ist dabei die Höhe des
Luftüberschusses. Arbeitet ein Gerät mit einem hohen Luftüberschuß, dann wird durch die Verdünnung der Abgase die
Abgastemperatur niedrig. Die Folge der niedrigen Abgastemperatur und des hohen Luftüberschusses kann ein schlechter Wirkungsgrad sein. Ebenso kann ein Gerät mit hoher
Abgastemperatur einen brauchbaren Wirkungsgrad haben,
wenn der Luftüberschuß sich in den richtigen Grenzen bewegt.

Der Wirkungsgrad von Gasfeuerstätten soll etwa 85% betragen, damit die restlichen 15% (Wärmerest) dem Abgas den
nötigen Auftrieb geben und damit die Schwitzwasserbildung
nicht unerwünscht groß wird.

c) Bestimmung der Größe des Gasheizofens nach der
Fagawa-Wärmebedarfstafel

Die Wahl der richtigen Ofengröße hängt ab von:

1. Der Größe des zu beheizenden Raumes,
2. der Lage des Raumes (ob günstig oder ungünstig),
3. der Zeitdauer der Beheizung (Dauerheizung oder zeitweise Heizung),
4. den niedrigsten Außentemperaturen und den gewünschten Innentemperaturen.

Die Bestimmung der Größe des Gasheizofens stellt, nachdem diese Ermittlungen getroffen sind, die einfachste Art durch das Ablesen aus der Fagawa-Tabelle dar. Diese Tabelle ist entstanden aus Betriebsergebnissen und Erfahrungen der Firmen Junkers & Co., Dessau, und des Eisenwerks G. Meurer, A.-G., Cossebaude.

Der Wärmebedarf eines Raumes läßt sich bei Kenntnis der Verhältnisse auf Grund wärmetechnischer Berechnungen nach der von Prof. Rietschel eingeführten Methode feststellen. Eine ausreichende Bemessung der Ofengröße ist in allen Fällen die Voraussetzung für ein wirtschaftliches Arbeiten der Gasheizungsanlage. Wenn ein Gasheizofen zu klein bemessen wird, so besteht die Gefahr, daß die gewünschte Raumtemperatur nicht erzielt wird und daß er mehr Brennstoff verbraucht als ein richtig bemessener Ofen, also nicht wirtschaftlich arbeitet. Wir können mithin den Grundsatz aufstellen: Je größer die Ofenleistung, desto geringer der Anheizgasverbrauch.

d) Wärmebedarf

Wärmebedarfsberechnung bei Dauerheizung. Die Rietschelsche Berechnungsmethode beruht darauf, daß man den stündlichen Wärmeverlust des Raumes unter Berücksichtigung der gewünschten Raumtemperatur und einer Außentemperatur von 20° C unter Null ermittelt.

Die in der Heizungstechnik übliche Formel lautet:

$$W = F \times (t_i - t_a) \times k.$$

Hierin bedeutet:

W = der stündliche Wärmeverlust,
F = die Abkühlungsfläche in m²,
t_i = die gewünschte Innentemperatur,
t_a = die niedrigste Außentemperatur,
k = die Wärmedurchgangszahl für das Material der Abkühlungsfläche F.

Zu diesem Wärmeverlust gibt man außerdem noch einen Zuschlag von 50 bis 70% für Himmelsrichtung, Windanfall und Anheizen hinzu. Die Wärmedurchgangszahlen k finden wir in Tabellen und technischen Handbüchern.

Wärmebedarfsberechnung bei zeitweiser Heizung. Zeitweise Beheizung liegt bei Kirchen, Sälen, Hallen usw. vor, ihre Berechnung geschieht nach den von den beiden genannten Firmen Junkers & Co., Dessau, und Eisenwerk G. Meurer, Cossebaude, entwickelten Formeln.

Hiernach ist der Gesamtwärmebedarf

$$W = W_f + W_l + W_w.$$

Es bedeutet

W_f = Wärmebedarf der Fenster,
W_l = Wärmebedarf der Luft,
W_w = Wärmebedarf der Wände,

und zwar ist

$$W_f = F_f \times 6{,}5 \times (t_i - t_a) \ \text{kcal/h}$$
$$W_l = \frac{V \times 0{,}3 \times (t_i - t_o)}{Z} \ \text{kcal/h}$$
$$W_w = F_w \times (t_i - t_o) \times \frac{1}{0{,}08 \sqrt{Z} - 0{,}15 + 0{,}12} \ \text{kcal/h}$$

In diesen Formeln bedeuten:

t_i = gewünschte Innentemperatur,
t_o = Innentemperatur bei Heizbeginn ($= 0^0$ C),
t_a = die niedrigste Außentemperatur ($= - 20^0$ C),
F_f = Fensterfläche in m²,
V = der gesamte Luftraum in m³,
F_w = die gesamte Absorptionsfläche in m², d. h. Oberfläche des Fußbodens, der sämtlichen Wände, der Decke, der Emporen, Säulen, Einbauten usw.

Z = die Zahl der Anheizstunden

für $Z = 1$ h $= 5{,}15$
für $Z = 1{,}5$ h $= 4{,}70$
für $Z = 2$ h $= 4{,}36$.

Ofengröße. Die Fagawa-Wärmebedarfstafel für Gaseinzelheizung beruht auf einer Anheizzeit von 1 h und einer Außentemperatur von — 20⁰ C. Sie ist unterteilt in »Dauerheizung« und »zeitweise Heizung«. Die ermittelte Zahl ergibt kcal und gilt für das Anheizen. Zum Weiterheizen muß man im Durchschnitt im Winter ¼ des Wärmeverbrauches pro Stunde hinzunehmen.

Fagawa-Wärmebedarfstafel für Gas-Einzelheizung

Raumgröße in m³	Bau- und Lageverhältnisse					
	günstig			ungünstig		
	Temperaturunterschied in °C					
	40	30	20	40	30	20
Dauerheizung						
20	2 500	2 000	1 100	3 700	3 000	1 700
30	3 000	2 400	1 400	4 500	3 600	2 000
40	3 500	2 800	1 600	5 200	4 200	2 300
50	3 900	3 100	1 800	5 900	4 700	2 700
60	4 400	3 500	2 000	6 600	5 300	3 000
70	4 800	3 800	2 200	7 200	5 800	3 200
80	5 200	4 200	2 300	7 700	6 300	3 500
90	5 600	4 500	2 500	8 300	6 700	3 700
100	5 900	4 800	2 700	8 800	7 000	4 000
120	6 600	5 300	3 000	9 900	7 900	4 500
140	7 300	5 800	3 300	11 000	8 800	5 000
160	7 900	6 300	3 600	12 000	9 600	5 400
180	8 600	6 900	3 900	12 900	10 300	5 800
200	9 200	7 400	4 100	13 700	11 000	6 200
Zeitweise Heizung						
10	1 600	1 300	1 000	2 500	2 000	1 500
20	3 000	2 500	1 800	4 500	3 600	2 700
30	4 400	3 600	2 600	6 400	5 200	3 800
40	5 900	4 800	3 500	8 300	6 800	5 000
50	7 400	6 000	4 400	10 200	8 400	6 100
60	8 800	7 200	5 300	12 200	10 000	7 300
70	10 300	8 400	6 200	14 100	11 500	8 500
80	11 700	9 600	7 000	16 000	13 100	9 600
90	12 700	10 400	7 600	17 300	14 200	10 400
100	13 600	11 100	8 200	18 500	15 200	11 100
120	15 400	12 600	9 200	21 000	17 200	12 600
140	17 200	14 100	10 300	23 300	19 100	14 000
160	18 900	15 500	11 300	25 600	21 000	15 400
180	20 500	16 900	12 300	27 800	22 800	16 700
200	22 100	18 300	13 300	30 000	24 600	18 000

Naturgemäß gibt die Tabelle nur annähernde Werte wieder. Besondere Verhältnisse erfordern genaue Wärmebedarfsberechnung.

Es sollen im folgenden an Hand der Fagawa-Wärmebedarfstafel einige Ofengrößen bestimmt und der Gasverbrauch des Gasraumheizers errechnet werden.

e) Berechnungsbeispiele

Beispiel 1. Ein Arbeitszimmer eines Kaufmanns hat eine Größe von $3,5 \times 4 \times 5 = 70 \text{ m}^3$ Rauminhalt. Alle Nachbarräume sind beheizt. Die Außenseite des Arbeitszimmers liegt nach Süden und ist aus $1\frac{1}{2}$ starkem Ziegelmauerwerk gebaut. Der Raum hat Doppelfenster und soll täglich 9 h lang beheizt werden. Wie groß ist der Gasverbrauch des Ofens pro Stunde?

Lösung. Es liegt Dauerheizung vor. Die Bau- und Lageverhältnisse sind als günstig zu bezeichnen. Die Raumgröße ist 70 m³; für die Erwärmung müssen wir eine Temperatur von $+ 20^0$ C verlangen, so daß der Temperaturunterschied $(- 20^0 + 20^0) = 40^0$ C ist.

In der Zahlentafel finden wir den Wärmebedarf $= 4800 \text{ kcal/h}$.

Bei einem angenommenen Wirkungsgrad von 85% und einem oberen Heizwert des Gases von $H_o = 4300$ kcal/m³ ergibt sich $H_u = 3870$ kcal/m³ und $H_{u15} = 3600$ kcal/m³. 85% von $3600 = 3060$ kcal/m³. Nunmehr ergibt sich der Gasverbrauch des Gasraumheizers zu:

$$\frac{4\,800}{3\,060} = 1{,}57 \text{ m}^3/\text{h}.$$

Beispiel 2. In dem gleichen Geschäftshause liegt ein Arbeitszimmer in gleicher Größe aber nach Norden und Osten. Die Mauerstärke ist nur ein 1 Stein stark, der Raum hat keine Doppelfenster. Nachbarraum ist unbeheizt. Die Beheizungsdauer soll 9 h betragen. Wie groß ist der stündliche Gasverbrauch des Ofens?

Lösung. Es liegt auch hier Dauerheizung vor. Die Bau- und Lageverhältnisse sind ungünstig. Die Innen- und Außentemperaturen sind dieselben, daher der Temperaturunterschied $= 40^0$ C.

Der Wärmebedarf beträgt nach der Zahlentafel 7200 kcal/h, also ergibt sich der Gasverbrauch des Raumheizers zu

$$\frac{7\,200}{3\,060} = 2{,}35 \text{ m}^3/\text{h}.$$

Beispiel 3. In einem gleichgroßen Wohnraum soll nur zeitweise geheizt werden. Die Mauerstärke beträgt $1\frac{1}{2}$

Ziegelstein, es sind Doppelfenster vorhanden, die Lage ist nach Süden und die Nachbarräume sind beheizt. Wie groß ist der stündliche Gasverbrauch?

Lösung. Die Bau- und Lageverhältnisse sind als günstig zu bezeichnen, der Wert für die nutzbare Wärmeleistung ist in der unteren Zahlentafelhälfte zu suchen. Die gewünschte Temperatur ist mit $+ 20^0$ C anzusetzen, so daß der Temperaturunterschied 40^0 C ist. Es ergibt sich hiernach bei denselben Stadtgasverhältnissen der Gasverbrauch des Raumheizers zu

$$\frac{10\,300}{3\,060} = 3,37 \text{ m}^3/\text{h}$$

zum Anheizen des Raumes.

Beispiel 4. In einem Wohnraum gleicher Größe soll nur vorübergehend ein- bis zweimal wochentags und an den Sonntagen stundenweise geheizt werden. Die Außenwände sind 1 Stein stark, der zu beheizende Raum liegt nach Osten, und zwar im Dachgeschoß, es sind keine Doppelfenster vorhanden. Wie groß ist der stündliche Gasverbrauch zum Anheizen?

Lösung. Die Bau- und Lageverhältnisse sind ungünstig. Der Temperaturunterschied ist 40^0 C. Es liegt zeitweise Heizung vor. In der unteren Hälfte der Zahlentafel finden wir den Wert für die nutzbare Wärmeleistung auf der rechten Seite zu 14100 kcal. Der Anschlußwert des Gasraumheizers errechnet sich zu

$$\frac{14\,100}{3\,060} = 4,60 \text{ m}^3/\text{h}$$

zum Anheizen.

Beispiel 5. Das Sprechzimmer eines Rechtsanwalts soll täglich 6 h lang beheizt werden mit $+ 20^0$ C. Die Raumgröße ist 70 m³. Das Zimmer liegt nach Nordosten, hat große Fenster, also erhebliche Abkühlungsflächen, doch wird ein Nachbarraum beheizt. Wie groß ist der Anschlußwert des Gasraumheizers pro Stunde?

Lösung. Die Bau- und Lageverhältnisse sind ungünstig. Der Temperaturunterschied muß mit 40^0 C angenommen werden. Zweckmäßig sucht man einen Mittelwert zwischen zeitweiser und Dauerheizung, da der Raum nur 6 h beheizt werden soll. Aus der Zahlentafel geht hervor, daß die nutzbare Wärmeleistung bei

Dauerheizung . . . . = 7200 kcal beträgt

und bei zweitweiser Heizung = 14100 » »

der Mittelwert . . . . . . = 21300 : 2 = 10650 kcal

Mithin ist der Gasverbrauch in der Stunde

$$= \frac{10650}{3060} = 3{,}48 \, \text{m}^3/\text{h}$$

zum Anheizen.

Beispiel 6. In einem nach Süden gelegenen Wartezimmer eines Arztes soll am Vormittag 3 h und am Nachmittag 3 h geheizt werden. Es sind Doppelfenster vorhanden, und die Nachbarräume sind beheizt. Die Bau- und Lageverhältnisse sind günstig. Wie groß ist der Anschlußwert des zu wählenden Gasraumheizers?

Lösung. Im vorliegenden Fall ist das Mittel zwischen zeitweiser und Dauerheizung bei günstiger Bau- und Lageanordnung zu wählen. Wir entnehmen der Zahlentafel die Werte bei 40° C Temperaturunterschied bei

Dauerheizung . . . . = 4800 kcal

zeitweiser Heizung . . = 10300 »

im Mittel . . . . . = 15100 : 2 = 7550 kcal

Mithin der Gasverbrauch pro Stunde

$$= \frac{7550}{3060} = 2{,}47 \, \text{m}^3/\text{h}$$

beim Anheizen.

Wir wollen nun die Berechnungsbeispiele nach der Ofenleistung, d. h. nach dem Anschlußwert der Öfen ordnen und erkennen aus dieser Auswertung, daß in jedem Falle der Auswahl des Gasraumheizers eine genaue und gewissenhafte Berechnung vorausgehen muß. Die Ofengröße ändert sich, wenn die Lage des Raumes statt nach Süden — nach Norden angegeben ist oder wenn die Nebenräume anstatt geheizt, wie in dem einem Falle, ungeheizt sind.

Zusammenstellung

Berech-nungs-beispiel	Art der Heizung	Bau- und Lage-verhältnisse	Erforderliche Ofenleistung in kcal	Anschlußwert des Ofens m³/h
1	Dauerheizung	günstig	4 800	1,57
2	Dauerheizung	ungünstig	7 200	2,35
6	zeitweise bis Dauerheizung	günstig	7 550	2,47
3	zeitweise Heizung	günstig	10 300	3,37
5	zeitweise bis Dauerheizung	ungünstig	10 650	3,48
4	zeitweise Heizung	ungünstig	14 100	4,60

f) Ofengröße und Gasverbrauch

Die Wirtschaftlichkeit einer Gasheizungsanlage hängt u. a. vom schnellen Anheizen ab. Dies trifft besonders bei zeitweiser Heizung, wie z. B. in Kirchen, Versammlungssälen oder in 3 und 4 der 6 berechneten Beispiele. Es ist daher Wert zu legen auf den Einbau einer ausreichenden Wärmeleistung. Mit längerem Anheizen steigt der Gasverbrauch bedeutend, während der Anschlußwert und damit die Kosten der gesamten Anlage kleiner werden. Im umgekehrten Falle steigen die Anlagekosten erheblich, wenn eine kurze Anheizzeit verlangt wird. Diese Tatsache spielt bei der Dimensionierung der Rohrweiten eine große Rolle.

Als Anhaltspunkt kann man annehmen für:

Raumgrößen bis 200 m³ = 1 h Anheizzeit
» » 5000 m³ = 1½ h »
» über 5000 m³ = 2 h »

In jedem Falle tut der Gaseinrichter gut, wenn er den besonderen Verhältnissen Rechnung trägt. Es kommt oft vor, daß der Kunde mit dem Gasheizofen deswegen nicht zufrieden ist, weil der Installateur keine oder eine falsche Wärmebedarfsrechnung anstellte. Öfters läßt er sich vom Konsumenten überreden, ein kleines billiges Öfchen zu verkaufen mit dem Ergebnis, daß der Gasverbrauch ein zu großer ist. Darum ist auf die richtige Bemessung der Gasraumheizer für zeitweise Heizung große Sorgfalt zu verwenden.

Das oben Gesagte läßt sich klar an dem folgenden Beispiel erkennen:

Ein Badezimmer von etwa 20 m³ Inhalt soll in günstiger Lage zeitweise beheizt werden. Der Temperaturunterschied ist mit 40⁰ C angemessen.

a) Aus der Fagawa-Wärmebedarfstafel ergibt sich eine Leistung von 3000 kcal und ein Gasverbrauch von $\frac{3\,000}{3\,060} =$ etwa 1 m³/h. Die Anheizzeit von ½ h würde einen Gasverbrauch von 0,5 m³ ergeben. Die Ofenwahl ist eine richtige.

b) Ein zu klein gewählter Ofen von nur 2000 kcal ergibt einen Gasverbrauch von $\frac{2\,000}{3\,060} = 0,7$ m³/h. Dadurch verlängert sich die Anheizzeit auf 2 h, und der Gasverbrauch steigt auf 1,4 m³, mithin fast 3 mal so viel.

g) Spezifischer Wärmebedarf

Ebenso wie wir bei der Berechnung von Gasraumheizern die spezifischen Temperaturen festlegen, so lassen sich auch Erfahrungszahlen über den Wärmebedarf angeben. Diese spezifischen Wärmebedarfszahlen sind aus ausgeführten Gasheizungsanlagen gewonnen, sie geben an, wie groß die Heizleistung für 1 m³ zu beheizenden Raum in kcal/h ist.

Sie betragen bei normalen Verhältnissen

bei Badezimmern	150 kcal/h
bei dauerbeheizten Wohnräumen . .	80—100 »
bei Schulzimmern	100 »
bei Läden und Büroräumen	80 »
bei Kirchen, Hallen, Sälen, kleiner als 1000 m³ Inhalt	kcal/h 70 »
dsgl. zwischen 1000 und 5000 m³ Inhalt	50 »
dsgl. über 5000 m³ Inhalt	30 »

Mit diesen Zahlen läßt sich der Wärmebedarf leicht überschläglich ermitteln und feststellen, ob eine Gasanlage ausreichend bemessen ist. Insbesondere kann schnell nachgewiesen werden, ob der Gaseinrichter richtig gerechnet hat.

15. Einrichtung einer Gasheizungsanlage

Fassen wir zunächst zusammen, welche Fragen zu klären sind, bevor wir an die Einrichtung einer Gasheizungsanlage herangehen. Es sind dies folgende:

a) Größe der Heizleistung,
b) Wahl der Gasraumheizer,
c) Anordnung der Heizöfen,
d) Gaszuführung,
e) Einbaugeräte,
f) Abgasführung.

a) Größe der Heizleistung

Im vorigen Kapital haben wir die Berechnung der erforderlichen Heizleistung kennengelernt und gesehen, daß unrichtig ermittelte Leistungen zu Unzuträglichkeiten führen. Erst eine richtig berechnete Anlage ist wirtschaftlich und stellt die Kunden zufrieden.

b) Wahl der Gasraumheizer

Die Arten der Gasraumheizer lassen sich gruppieren in Luftumwälzungsöfen und Strahlungsöfen.

Luftumwälzungsöfen. Die Raumluft wird hierbei, wie der Name sagt, umgewälzt und dadurch der ganze Raum gleichmäßig erwärmt. Es wird also die im Ofen erzeugte Wärme unmittelbar an die Raumluft übertragen. Die folgende Skizze, Bild 98, zeigt die Wirkungsweise dieser Ofenart.

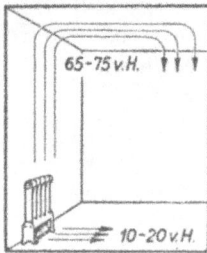

Bild 98.

Wir unterscheiden:

1. Raumheizer mit offenem Flammenraum mit Rückstromsicherung und Rückstrahler. Aus der Skizze ist zu ersehen, daß die Verbrennungsluft aus dem Aufstellungsraum in den Verbrennungsraum hineintritt. Die verbrannten Gase treten durch den Abgasstutzen in den Kamin (Bild 99).

2. Raumheizer mit offenem Flammenraum mit Rückstrahler. Diese Ausführung ist sehr allgemein. Auch hier tritt die Verbrennungsluft aus dem Aufstellungsraum in den Verbrennungsraum ein (Bild 100).

3. Raumheizer mit geschütztem Flammenraum. Der Unterschied dieser Bauart gegenüber der Ausführung 2 besteht in der Anordnung eines Drahtschutzsiebes, wodurch

der Brenner gegén Berührung geschützt ist (Bild 101). Die Verbrennungsluft tritt vom Aufstellungsraum in den Verbrennungsraum.

    4. Ofen mit geschlossenem Flammenraum. Diese
Ausführung unterscheidet sich von den unter 1 bis 3 be-

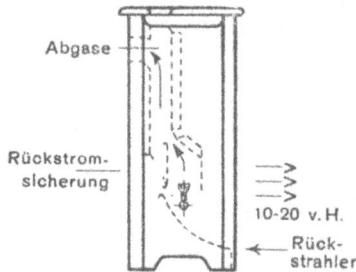

Bild 99.

schriebenen, daß die Verbrennungsluft nicht aus dem Aufstellungsraum, sondern von außen zugeführt wird. Es besteht
mithin keine Verbindung zwischen der Luft im Aufstellungs-

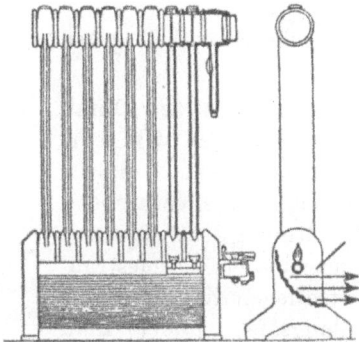

Bild 100.

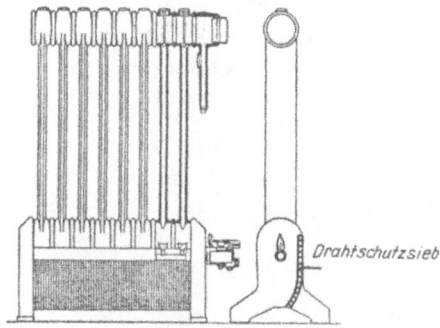

Bild 101.

raum und der im Verbrennungsraum. Diese Öfen finden
besonders in Theatern, Lichtspielhäusern, Operationssälen u. a.
Verwendung (Bild 102).

    5. Ofen mit geschlossener Verbrennungskammer.
Im Bild 103 wird eine Sonderausführung für feuergefährliche

Räume, Garagen, Tankstellen usw. gezeigt. Die Verbrennungsluft wird in einer dichten Leitung von außen zugeführt. Die
Zündung geschieht entweder innerhalb des Ofens oder außer-

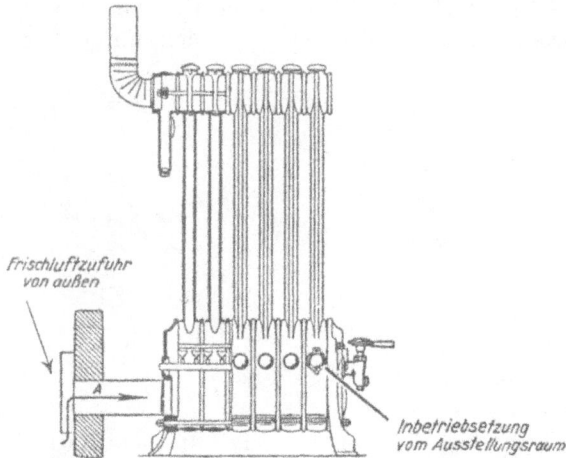

Bild 102.

halb des Raumes auf elektrischem Wege durch Reibeisenzün-
dung u. dgl.

Auf diese Weise ist eine größtmögliche Sicherheit gegen
Explosion gegeben.

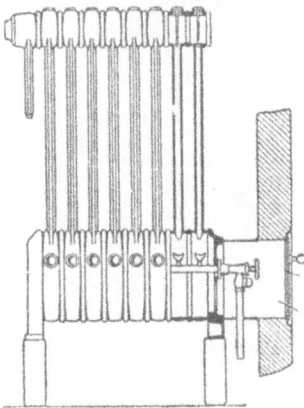

Bild 103.

Strahlungsöfen. Durch
die Strahlungsöfen wird eine
gerichtete Wärme erzielt.
Man erreicht dabei vorwiegend
die Erwärmung des Fußbodens
und der von den Wärmestrah-
len getroffenen Körper. Reine
Strahlungsöfen findet man
seltener als Luftumwälzungsöfen, doch sind sie dort zu
verwenden, wo man gerichtete
Wärme, also Platzbeheizung
benötigt. Es werden etwa 45%
der Gesamtwärme ausgestrahlt,
während etwa 40% durch die

Heizrohre an die Raumluft abgegeben werden. Diese Rest-
wärme, die in den Verbrennungsgasen enthalten ist, wird nach
dem Grundsatz der Luftumwälzung für die Beheizung des
Raumes nutzbar gemacht (Bild 104).

Um die Wirkung der Luft-
umwälzung bei den Strahlungsöfen zu erhöhen, baut man die
sog. Glühkörperöfen
(Bild 105.) Wie die Abbildung
zeigt, sind die aus Magnesium
und Schamotte bestehenden
Glühkörper schräg eingebaut.
Es wird dadurch eine Sicherung der Flamme gegen Rückstrom erreicht. Die unten angebrachten Bunsenbrenner geben die Gewähr der Sicherung
gegen Rückschlagen.

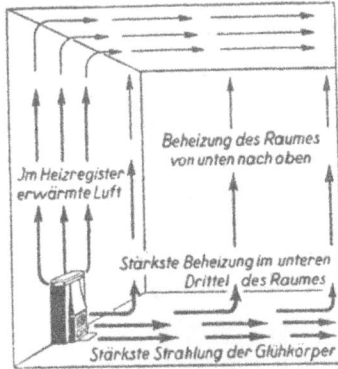

Bild 104.

Die Frage, ob gußeiserne
oder emaillierte Stahlblechöfen zu wählen sind, ist von Fall zu
Fall zu entscheiden. Die meisten Öfen werden heute als Element-
öfen aus emaillierten Stahlblech hergestellt (Bild 106 u. 107).

In rauhen Betrieben, Fabriken u. dgl. wird man gußeisernen Öfen den Vorzug geben, während in Büros, Wohnungen und Läden emaillierte Stahlblechöfen Verwendung
finden (Bild 108 u. 109).

Bild 105. Strahlungsöfen mit zu-
sätzlicher Luftumwälzungs-
heizung.
(Eingebaute Zug- und Rückstromsicherung).
Erläuterung:
1 Glühkörper
(Magnesium und Schamotte).
Durch die Schrägstellung der
Glühkörper ist die Flamme gegen Rückstrom gesichert,
2 Bunsenbrenner
(mit Sicherung gegen Rückschlagen).
3 Strahlblech.
4 Schamottewand.
5 Gasdicht eingefalzte Luft-
Heizrohre.
6 Drosselklappe
(mit Brennerhahn gekuppelt).
7 Zugsicherung.
8 Gasanschluß.

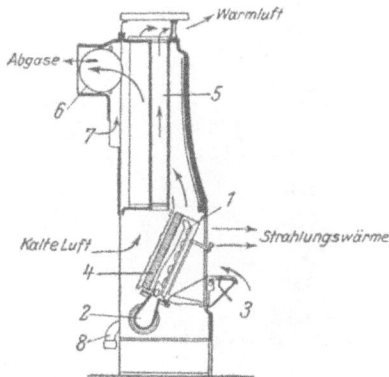

9*

c) Anordnung der Heizöfen

Kommt ein Strahlungsofen zur Verwendung, so muß er, wie Bild 110 andeutet, schräg gestellt werden. Nur so erfüllt er seinen Zweck, man erreicht eine gute Luftzirkulation und

Bild 106.

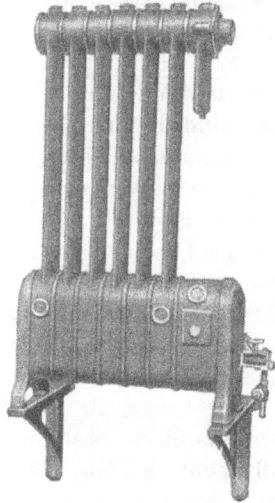

Bild 107.

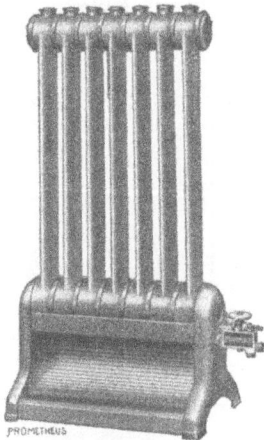

Bild 108.

Bild 109.

die Benutzer des Raumes werden von den Strahlen getroffen. Bei der falschen Anordnung (Bild 111) werden die Möbelstücke durch die strahlende Wärme getroffen und leiden dadurch.

Bei Luftumwälzungsöfen spielt die Aufstellung der Heizöfen besonders bei kleineren Räumen bis zu 100 m³

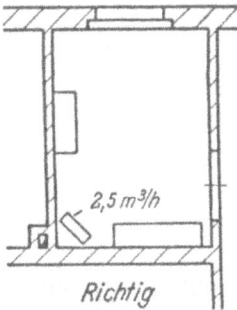

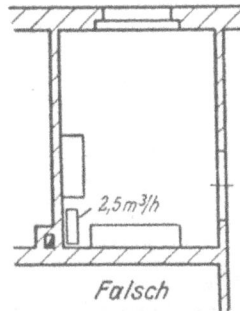

Bild 110.   Bild 111.

Inhalt keine wesentliche Rolle. Man hat verständlicherweise Rücksicht zu nehmen auf die Gestaltung des Raumes, auf den Möblierungsplan, auf den Kamin, die Abzugsleitungen dürfen nicht zu lang werden, kurzum es sind in der Hauptsache ästhetische Forderungen.

Die Unterbringung des Ofens am Fenster ist zwar wärmetechnisch gut, wird sich aber selten durchführen lassen, weil der Weg bis zum Schornstein meist zu lang wird.

Die Anordnung von Heizöfen in Schulräumen ergibt sich am besten aus der Überlegung, daß man die erforderliche Heizleistung unterteilt in je nach der Raumgröße zwei oder mehrere Öfen unterbringt. In der folgenden Skizze ist ein Schulraum angedeutet. Man erkennt, daß die Luftumwälzung bei der gewählten Anordnung eine gute ist (Bild 112).

Die Anordnung von Heizöfen in Kirchen und anderen großen Versammlungsräumen bedarf einer guten Überlegung. Hier ist die Unterteilung der Heizleistung und die Rücksichtnahme auf große Abkühlungsflächen sehr wichtig. Es können bei falscher Anordnung der Heizöfen leicht Zugerscheinungen auftreten. Dadurch, daß man, wie

Bild 113 zeigt, die Öfen an allen Wänden unterbringt, wird dem Auftreten von Zug entgegengewirkt.

Die Frage der Anordnung der Öfen auf Saalbühnen, Emporen und Erhöhungen muß von Fall zu Fall beurteilt

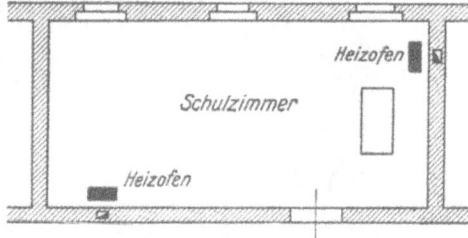

Bild 112.

werden. Entweder muß auf der Empore selbst ein Gasheizofen aufgestellt werden oder es muß die Luftumwälzung dadurch gewährleistet sein, daß die Luft aus dem unter der Erhöhung stehenden Ofen durch Fußbodenöffnungen nach oben steigen kann. Dadurch würden Zugerscheinungen vermieden.

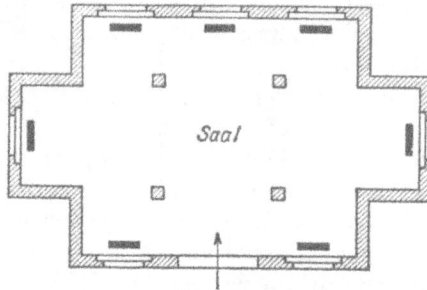

Bild 113.

d) Gaszuführung

Bei der Berechnung einer Gasheizungsanlage ist von dem Grundsatz auszugehen, daß die Gasfeuerstätten beim Anheizen mit dem vollen Anschlußwert zu belasten sind. Die Gaszuführungsleitung muß deswegen unter Berücksichtigung der vollen Gasmenge dimensioniert werden. Es muß ferner ein

Gasmesser gewählt werden, der dem gesamten Gasverbrauch aller Heizöfen entspricht.

Über die Wahl der Rohrweiten sind an einer anderen Stelle ausführliche Ermittlungen angestellt und durch Beispiele erläutert.

Auch über die richtige Verlegung von Gasrohren ist in einem anderen Kapitel das gesagt, was der Rohrleger und Gaseinrichter wissen muß. Es mag an dieser Stelle darauf hingewiesen werden, daß eine Gasraumheizung niemals richtig arbeiten kann, wenn die Gaszuleitung zu schwach bemessen ist. Auch der umgekehrte Fall einer Überdimensionierung ist vom Gesichtspunkt der Wirtschaftlichkeit nicht vertretbar.

e) Einbaugeräte

Raumtemperaturregler. Um den Gasheizbetrieb eines Raumes vollkommen zu gestalten, baut man Temperaturregler ein. Man vermeidet dadurch, daß durch Unachtsamkeit eine Überheizung des Raumes stattfindet und fügt zu dem Vorteil der Gasheizung noch den der automatischen Regulierung hinzu. Der Gaseinrichter bietet dem Kunden beim Verkauf eines Gasheizofens zweckmäßig auch einen Raumtemperaturregler an und weist auf die Wirtschaftlichkeit dieses Einbaugerätes hin. Besonders ist dann ein Temperaturregler zu empfehlen, wenn Gasraumheizer stundenlang in Betrieb sind, ohne daß sie gewartet, d. h. von Hand reguliert werden können. Oft hilft man sich bei Überheizung durch Öffnen des Fensters, ohne dabei zu bedenken, daß das unwirtschaftlich ist, weil Gas verschwendet wird.

Die Wirkungsweise des Temperaturreglers. Die Regler können vor jedem einzelnen Gasheizofen oder auch vor gasbeheizte Zentralheizungskessel eingebaut werden. Die Beheizung des Raumes geschieht mit vollgestellter Flamme bis auf die gewünschte Raumtemperatur. Sobald diese Temperatur erreicht ist, wird die Gaszufuhr soweit gedrosselt, daß nur die zur Erzeugung der erforderlichen Temperatur notwendige Wärmeleistung erfolgt.

Bild 114 und 115 zeigt einen Zentralheizregler der Firma Kromschröder A.-G., Osnabrück.

Durch den Raum im Regler *A* oberhalb der Membrane *m* wird ein kleiner Nebengasstrom durch eine feine Düse *r* zur Kupferleitung *x* und von da zum Wärmefühler *B* geleitet. Von da gelangt er durch das Röhrchen *z* zum Brenner. Im Wärme-

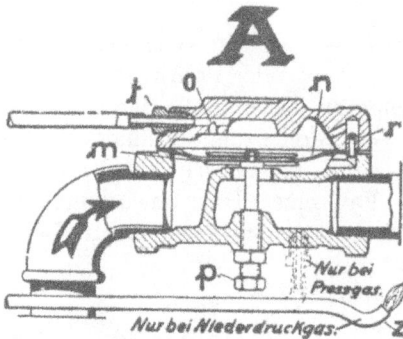

fühler befindet sich ein Fühlrohr *a*, welches durch seine Ausdehnung das Drosselventil *c* gegen seinen Sitz *d* drückt. Die Folge davon ist, daß der Druck des Nebengasstromes im Rohr *x* und oberhalb der Membrane *m* steigt und bewirkt, daß der Teller *n* mit der Membrane *m* nach unten gedrückt wird. Dadurch wird der Durchgang des Hauptgasstromes verringert, es verbrennt weniger Gas, infolgedessen kühlt sich der Raum ab. Eine weitere Folge der Raum-

Bild 114.

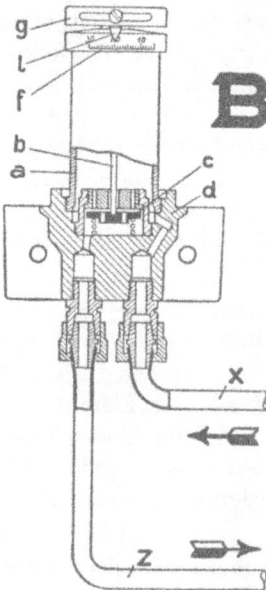

Bild 115.

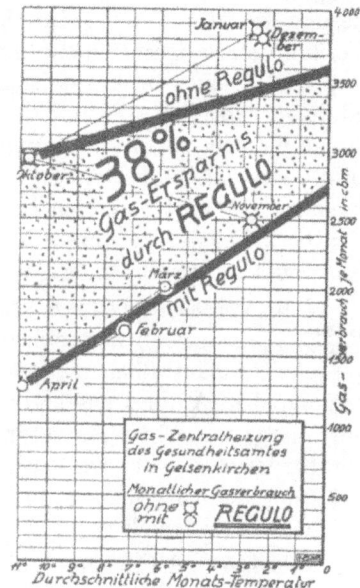

Bild 116.

kühlung ist aber auch, daß das Fühlrohr *a* sich verkürzt, und das Drosselventil von seinem Sitz gehoben wird. Nunmehr sinkt der Druck über der Membrane, und es strömt mehr Gas zum Brenner, die Gasflammen brennen höher.

Dieses Spiel wiederholt sich ständig.

Die Einstellung der gewünschten Temperatur geschieht an der am Fühlrohr *a* angebrachten Temperaturskala. Die Schraube *p* kann so eingestellt werden, daß der Brenner bei geschlossenem Regelventil noch etwas Gas erhält, also nicht ausgehen kann.

Die Aufhängung des Wärmefühlers geschieht in dem Raum, der geheizt werden soll, während das Reglerventil am Gaskessel angebracht ist. Handelt es sich nicht um Gaszentralheizung, sondern um Gasraumheizung durch einen Ofen, dann sind Wärmefühler und Regler zusammengebaut. Sie werden meist mit einer plombierbaren Haube umgeben und vorher auf die gewünschte Temperatur eingestellt.

Die Gasersparnis durch Temperaturregler wird durch Bild 116 veranschaulicht.

f) Gasmangelsicherungen

Es kann vorkommen, daß die Gaszufuhr vom Gaswerk eine Zeitlang unterbrochen wird. In einem solchen Falle ist es zu empfehlen, eine Gasmangelsicherung einzubauen. Sie verhindert, daß bei in Betrieb befindlichen Gasheizungsanlagen nach wiederkehrender Gaszufuhr das Gas aus dem Brenner ausströmt. Die Gasmangelsicherung ist so gebaut, daß man sie von Hand wieder öffnen und das Gerät in Betrieb nehmen muß. Bei anderen Bauarten muß man erst sämtliche Ofenhähne so lange schließen, bis die Gasmangelsicherung sich selbst öffnet. Das Öffnen erfolgt dann, wenn der Gasdruck in der Gaszuleitung seine normale Höhe erreicht hat.

Wenngleich Gasmangelsicherungen in den »Technischen Vorschriften und Richtlinien« nicht vorgeschrieben sind, so sind sie doch da zu empfehlen, wo die Heizanlage an eine Ferngasanlage angeschlossen ist. Sie bieten jedenfalls eine größtmögliche Sicherheit im Betriebe.

f) Abgasabführung

Die Abgasabführung ist eines der wichtigsten Kapitel der Versorgung mit Gas. Die Behandlung dieser Frage nimmt in den »Technischen Vorschriften und Richtlinien« einen sehr breiten Raum ein; sie umfaßt die gesamten Abgaswege vom Abgasstutzen der Gasfeuerstätte bis zur Schornsteinausmündung.

Über die Notwendigkeit der Abgasabführung der Gasraumheizer sagt die Ziffer 51 der TVR:

1. Grundsätzlich müssen die Abgase aller Heizöfen aus dem Aufstellungsraum abgeführt werden.

2. Zentralheizungskessel und Gaslufterhitzer sind ausnahmslos an Schornsteine, die tunlichst gegen Versottung geschützt sind, anzuschließen.

Damit ist also zum Ausdruck gebracht, daß kein Gasheizofen ohne Abgasführung angeschlossen werden darf.

Würden die Verbrennungsgase frei in den Aufenthaltsraum eintreten, so würden die Verbrennungserzeugnisse des Gases, Kohlensäure und Wasserdampf, sich stark ansammeln und dann gesundheitsschädigend und belästigend wirken.

h) Sicherung des Auftriebs

Abzug der Verbrennungsgase und Sicherung des Auftriebs. Die Abführung der Abgase kann geschehen

a) in den vorhandenen Schornstein oder in einen Gasschornstein aus einem Material wie Eternit, Toschi oder Tonrohr,

b) durch Absaugung.

Die Sicherung des Auftriebs wird dadurch gewährleistet, daß etwa 15% der im Gasheizofen erzeugten Wärme in den Schornstein eintritt, während etwa 85% der in Form von Gas zugeführten Wärme an den Aufstellungsraum abgegeben wird.

Bevor man einen Gasheizofen an einen Kamin anschließt, ist zu untersuchen, ob der Anschluß nach den geltenden baupolizeilichen Vorschriften zulässig ist. Eine Führung der Abgase in den Dachboden ist aus Gründen der Sicherheit nicht zulässig. Wird ein Abzugsrohr ins Freie geführt, dann ist das unter Rückstau Gesagte zu beachten.

Die Weiten der Abgasrohre richten sich nach dem stündlichen Gasverbrauch. Junkers gibt sie wie folgt an:

i) Weiten der Abgasrohre

Woiton der Abgasrohre für Feuerstätten

Stündlicher Gasverbrauch m³	Weite des Abzugsrohres	
	Erforderlicher Querschnitt cm²	Gewählter lichter Durchmesser cm
2	65	9,8
5	111	12,0
7	171	15
10	228	17
15	295	20

Die TVR geben unter Ziffer 56 die Querschnitte für Abgasrohre in der Zahlentafel 6 wieder, und zwar sind hier die
Belastung und die Leistung mit dem Anschlußwert bei $H_{u15} =$
3600 kcal/m³ zugrunde gelegt.

Für den Fall, daß der Gasheizofen einen größeren Abgangs-
stutzen hat, als in der Zahlentafel 6 für die entsprechende Leistung angegeben ist, so ist das Abgasrohr mit der Weite des
Abgasstutzens auszuführen.

Man wähle jedoch den Abzugsquerschnitt nicht zu groß,
besonders schließe man nicht an einen besteigbaren Schornstein an, weil die verhältnismäßig geringen Abgasmengen eines
Gasheizofens in einem so großen Schornstein keinen Auftrieb
gewinnen können. Durch den Wasserdampf der Abgase, der
sich an den großen Innenflächen niederschlägt, bildet sich
Schwitzwasser; dieser Anteil der erzeugten Wärme geht
mithin dem Auftrieb verloren. Am besten verfährt man, wenn
man in solche zu große Schornsteine Abzugsrohre von entsprechendem Querschnitt einbaut. Es wird durch einen solchen
Einbau von Toschi- oder Eternitrohren der Vorteil eines warm
gelegenen Gasabzugsrohres geschaffen.

Ähnlich liegt der Fall, wenn man gemauerte Kanäle alter
Luftheizungen vorfindet, die einen zu großen Querschnitt
haben. Auch hier ist zu empfehlen, richtig bemessene Abzugsrohre einzuziehen.

k) Sicherung gegen Rückstau

Im Gegensatz zu Kohlenheizungsanlagen, wo wir einen starken Schornsteinzug benötigen, brauchen wir bei Gasfeuerstätten keinen starken Kaminzug. Die Wirkung der Gasfeuerung ist sogar besser, wenn die Gasflammen ganz frei ohne Einwirkung eines künstlichen Zuges brennen. Jede Zugwirkung stört das ruhige Brennen der Flammen und ruft einen Luftüberschuß hervor, der unerwünscht ist.

Da die Abgase in einem richtig dimensionierten Abzugsrohr nur geringen eigenen Auftrieb haben, so machen sich auch Widerstände oder Gegenbewegungen im Kamin hemmend bemerkbar. Wir kennen diese Widerstände als

    a) Widerstände durch Temperaturunterschiede und

    b) Widerstände durch Wind.

Gegenströmungen infolge von Temperaturunterschieden treten dann auf, wenn die Kamine zeitweise eine niedrigere Temperatur haben als die Außenluft. Die kältere Luftsäule im Kamin ist dann schwerer als die Außenluft, sie wirkt also als Widerstand gegen den Auftrieb der Abgase. Solche Gegenströmungen treten aber auch auf, wenn Gasfeuerstätten an zu weite Kamine angeschlossen werden, und besonders dann, wenn diese Abzugsleitungen auf langer Strecke durch ungeheizte Räume führen.

Widerstand durch Wind ist am besten an Hand des Bildes 117 zu erklären.

Die von links auftretenden Windströmungen erzeugen auf der dem Wind zugekehrten Seite einen Überdruck, auf der

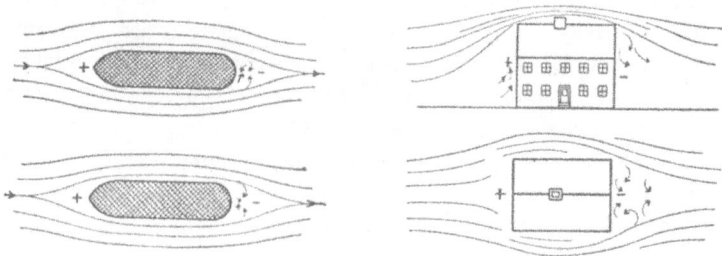

Bild 117.

dem Winde abgekehrten Seite Unterdruck. Durch den Wirbel dieser Strömungen können entstehen:

1. Zug,
2. Stau,
3. Rückststrom.

Um diesen unerwünschten Erscheinungen zu begegnen, wendet man folgende Mittel an:

1. **Zugunterbrecher.** Sofern die Gasfeuerstätten nicht mit einem Zugunterbrecher ausgerüstet sind, müssen sie gegen starken Zug im Schornstein gesichert sein.

Der Zugunterbrecher muß in einer solchen Höhe angebracht werden, daß eine einwandfreie Verbrennung und ein einwandfreier Auftrieb gewährleistet sind.

2. **Stausicherung.** Es kann bei einer Gasheizanlage ein vorübergehender Stau eintreten. Solche Widerstände in der Abgasleitung können herrühren vom Kehren des Schornsteins, an den auch Kohlenfeuerstätten angeschlossen sind, ferner kann Bauschutt abgelagert sein, es können Vogelnester im Schornstein sich befinden u. dgl. mehr. Über die Entfernung solcher Gegenstände und über die richtige Funktion der Gas- und Kohlenkamine wacht der Bezirksschornsteinfegermeister auf Grund behördlicher Vorschriften.

3. **Rückstromsicherung.** Es kann ein vorübergehender oder ein dauernder Rückstrom auftreten. Das ist zu untersuchen und für Abhilfe zu sorgen. Meistens werden, besonders bei Gaswasserheizern, die Rückstromsicherungen vom Fabrikanten direkt mitgeliefert und organisch in das Gerät eingebaut. Bei Gasheizöfen wird es notwendig sein, die Rückstromsicherung von Fall zu Fall einzubauen, und zwar nur dann, wenn wirklich Rückstrom vorhanden ist. Man muß sich hierbei aber auch darüber klar sein, daß das Vorhandensein einer Rückstromsicherung mit der Zufuhr größerer Luftmengen verbunden ist, und daß dadurch die Abgastemperatur erniedrigt wird. Verminderung des Auftriebs ist dann die Folge. Wenn aber schon der Einbau einer Rückstromsicherung notwendig ist, dann sollte man darauf achten, daß diese genügend weit vom Knie entfernt ist (mindestens 3 d). Die T- oder H-Stücke liegen frei im strömenden Wind. Die Bilder 118 u. 119 zeigen eine falsche und eine richtige Ausführung.

Muß der Gaseinrichter eine Rückstromsicherung selbst anfertigen, so hat ihre Ausführung nach Bild 120 zu geschehen. So wird erreicht, daß die Verbrennung im Gasheizofen ungehindert erfolgen kann, und daß ein Zurücktreten der Abgase in den Ofen oder das Gasgerät unmöglich gemacht wird.

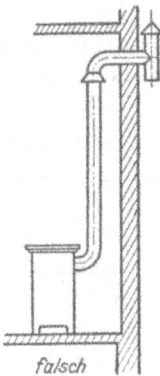 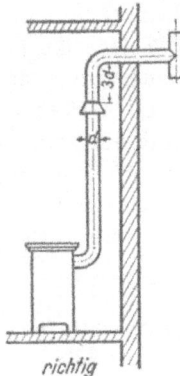 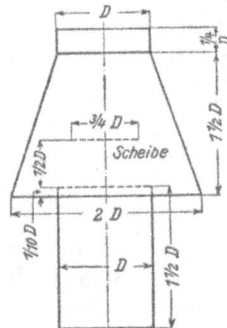

Bild 118.   Bild 119.   Bild 120.

b) Abführung der Abgase durch Absaugung. In der Zeitschrift »Gas« Nr. 9/1934 gibt Oberingenieur K. Apitz, Leipzig, ein Verfahren an, die Abgase, denen der natürliche Auftrieb fehlt, durch einen elektrischen Ventilator abzusaugen. Bei ausbleibender Stromzufuhr tritt ein Minimalschalter, ein elektrisch betätigtes Schnellschlußventil und eine Gasmangelsicherung in Tätigkeit. Erst nach wieder einsetzender Stromzufuhr sind die Ofenhähne zu öffnen und die Heizungsanlage in Betrieb zu setzen.

l) Taupunkt der Abgase

a) Kondensation und Taupunkt. Wir haben gesehen, daß die Temperatur der Schornsteinwandungen einen großen Einfluß auf die Verbrennungsgase und damit auf den Auftrieb hat. Der in den Abgasen enthaltene Wasserdampf verwandelt sich bei starker Abkühlung wieder in Wasser, er kondensiert. Es bildet sich Schwitzwasser, und zwar um so mehr, je größer der Luftüberschuß ist. Die Temperatur, bei welcher

sich der Wasserdampf in Schwitzwasser umformt,
nennt man den Taupunkt.

Die Abhängigkeit des Taupunktes der Abgase vom Luftüberschuß kennzeichnet die nebenstehende Kurve (Bild 121).
Die schraffierte Fläche gibt den üblichen Luftüberschuß bei
häuslichen Gasfeuerstätten an.

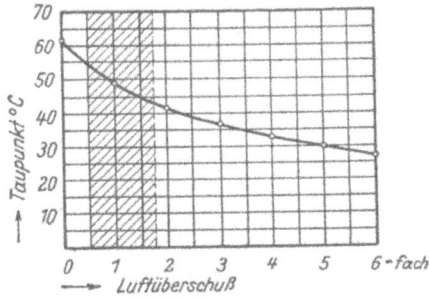

Bild 121.

b) Auftrieb der Abgase. 1 m³ Gas ergibt bei der
Verbrennung außer 0,5 m³ Kohlensäure noch 0,9 m³ Wasserdampf, 4,7 m³ Stickstoff und 0,4 m³ Sauerstoff. In 1 m³
feuchtem Abgas sind also rd. 112 g Wasserdampf enthalten.
Bei diesem Abgas liegt der Taupunkt, d. h. der Beginn der
Schwitzwasserbildung bei 54⁰ C. Wenn nun die Temperatur
der Schornsteinwand unter dem Taupunkt liegt, dann schlägt
sich der Wasserdampf als flüssiges Wasser an der Wand des
Schornsteins nieder. Wird aber den Abgasen durch den Zugunterbrecher weitere Luft (kalte) zugeführt, arbeitet das Gerät
also mit größerem Luftüberschuß, dann wird der Taupunkt,
wie die Kurve zeigt, herabgesetzt.

Bei dieser geschilderten Entwicklung zunehmender Wasser-
dampf- und Schwitzwasserbildung wird das spezifische Gewicht der Abgase größer. Damit ist also der Beweis erbracht,
daß bei größerem Luftüberschuß der Auftrieb der
Verbrennungsgase geringer wird.

Die Kurve, Bild 122, veranschaulicht das vorher Gesagte.
Sie zeigt das spezifische Gewicht der trockenen und feuchten
Abgase in Abhängigkeit vom Luftüberschuß.

Würde ich den Verbrennungsgasen warme Luft zuführen, was praktisch nicht in Frage kommt, dann würde mit zunehmendem Luftüberschuß das spezifische Gewicht der Abgase geringer und der Auftrieb größer werden.

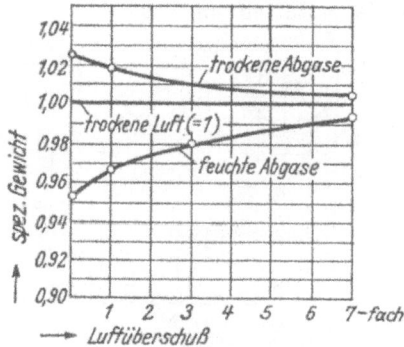

Bild 122.

c) Kondenswasserableitung. Das sich bildende Kondenswasser kann sich unter Umständen unangenehm bemerkbar machen, wenn man nicht dafür sorgt, daß es ungehindert abfließen kann. Es kommt vor, daß die Wand am Kamin feucht wird und feucht bleibt, wenn z. B. ein Gasheizkessel ständig im Betrieb ist. Bild 123 zeigt, wie in solchen Fällen Abhilfe zu schaffen ist: Die Abgasleitung mündet in der Wand

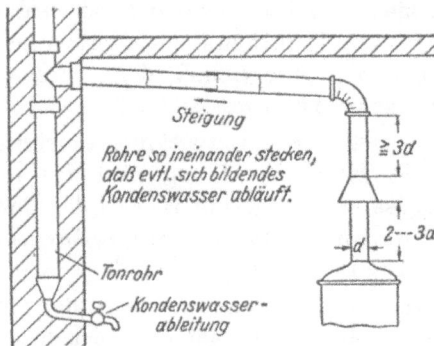

Bild 123.

in einem Abzweig, welcher nach unten eine Tonrohrverlänge-
rung hat. Am unteren Ende des Tonrohres befindet sich ein
dünneres Rohr, das aus der Wand herausgezogen ist und mit
einem Ablaßhahn versehen ist. Hat der Kamin eine gewisse
Temperatur erreicht, so geht der Wasserdampf mit den Abgasen ins Freie.

16. Baustoffe für Abgasleitungen

Über die Wahl der Baustoffe sagen die TVR in Ziffer 55,
Absatz 1:

»Abgasrohre müssen aus feuerhemmenden Baustoffen
bestehen.«

In der Praxis haben sich hierfür bewährt:

a) Asbestzementrohre

Diese sind seit etwa 1929 im deutschen Baumarkt eingeführt und werden hergestellt unter dem Namen Toschirohre
von der Firma Torfit-Werke in Hemelingen-Bremen und unter
der Bezeichnung Eternit von der Firma Deutsche Asbest-
zement A.-G., Berlin-Rudow, ferner unter der Bezeichnung
Voverit von der der Firma Vossen & Co., Neuß a. Rh.

Dieser Baustoff hat sich überall für Anlagen der Be- und
Entlüftung, Rauch- und Abgasführung, Entdünstung, Ent-
staubung und Entnebelung usw. hervorragend bewährt. Die
Rohre haben den besonderen Vorzug, daß sie sich in ihrer Konstruktion leicht der Gebäudeform und den Innenräumen anpassen. Sie werden in rundem, quadratischem, rechteckigem
Querschnitt hergestellt, sind also da, wo Kamine fehlen, einzubauen, sie sind wetter- und frostbeständig, feuersicher und
widerstandsfähig gegen den Säuregehalt der Rauch- und Abgase (Bild 124 u. 125). Der Zusammenbau der Asbestzementrohre
ist sehr einfach mit einem Spezialkitt vorzunehmen, nachdem
die Rohrenden vorher einige Zeit angefeuchtet sind.

Abzweige als angesetzte Rohrstutzen (Bild 126) ermöglichen den Anschluß z. B. eines Gasfeuerstättenrohres an einen
Badeofen-Abgasrohranschluß. Oder die Zusammenführung
zweier Abgasrohre.

Der Einbau der Rohre und Formstücke ist wegen des
leichten Gewichtes des Baustoffes immer einfach und mit ge-

ringen Kosten möglich. Auch am Bau kann die Anpassung
der einzelnen Asbestzementbauteile leicht mittels Säge,
Bohrer und Raspel erfolgen.

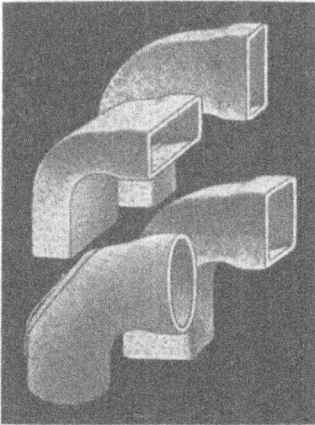

Bild 124.

Bild 125.

Die Reinigungsmöglichkeit der Gasschornsteine
und Abgasrohre ist gegeben durch die Reinigungsschieber mit
Führungsrahmen und Reinigungsdeckel (Bild 127).

Als Schornsteinaufsätze und Regenschutzhauben sind
die in der Abbildung wiedergegebenen sehr gebräuchlich

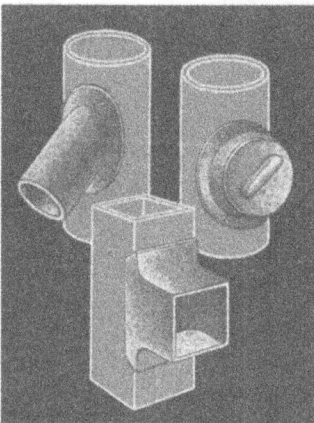

Bild 126.

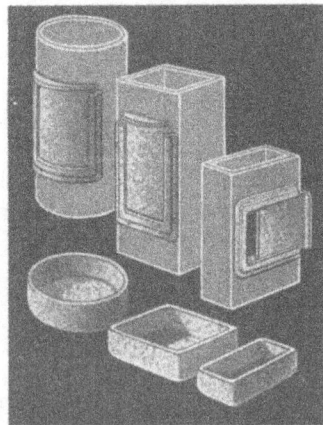

Bild 127.

und entsprechen dem in der TVR Gesagten unter Ziffer 63.

Bild 128 gibt eine Kegelhaube wieder, die auch mit Rückstromsicherung lieferbar ist.

Sehr bekannt sind auch die sog. Meidinger-Scheiben, die in Bild 128 wiedergegeben sind.

Die Anfertigung kann jeder Gaseinrichter mit Leichtigkeit selbst vornehmen.

b) Tonrohre

Als Abgasrohre sind die Tonrohre nicht so zu empfehlen wie die Asbestzementrohre. Es darf nicht vergessen werden das sich bildende Schwitzwasser abzuleiten.

Bild 128

c) Gußrohre

Hierfür trifft dasselbe zu, sie sind als Abgasrohre nicht sehr zu empfehlen, weil die Gefahr des Durchrostens und der Beschädigung durch die Kohlensäure der Abgase besteht. Das Gewicht ist groß, und in Kriegszeiten bestehen Verbote, Eisen da zu verwenden, wo die Möglichkeit besteht, heimische, neue Werkstoffe aus Ersparnisgründen einzubauen.

d) Holzrohre

Diese Rohre sind im Innern mit einem Wasserglasanstrich versehen. Sie finden selten Verwendung, insbesondere können sie bei Abgastemperaturen über 150° C nicht angewandt werden.

e) Verbleite Eisenrohre

Wegen des geringen Gewichtes und ihrer leichten Verlegung sind verbleite Ofenrohre als Abgasleitungen zwischen Gasfeuerstätten und Schornstein allgemein gebräuchliche Baustoffe. Sie sind nicht unbegrenzt haltbar. Wegen der Schwitzwasserbildung ist zu empfehlen, länger als 2 m lange Abgas-

rohre mit Kieselgurschnur oder anderen geeigneten Stoffen zu
isolieren.

17. Gaslufteheizer

Gaslufeheizer sind Feuerstätten, welche erhitzte Luft
in die zu beheizenden Räume blasen. Es kommen hierfür in
Frage, Exerzierhallen, Turnhallen, Vortragssäle, Kirchen,
Ausstellungshallen, kurzum große Räume. Man erzielt hier-
durch auch eine gute Belüftung. Besonders geeignet sind die
Gaslufeheizer als Zusatzheizung für die Übergangszeit oder
wenn es sich um zeitweise Beheizung handelt. Bei Dauerheizung sind sie nur dann wirtschaftlich, wenn ein äußerst
günstiger Gaspreis vereinbart wird. Gaslufeheizeranlagen
erfordern in jedem Falle eine gewissenhafte Berechnung, zu
welcher der Gaseinrichter das Lieferwerk und das zuständige
Gaswerk hinzuzieht, um unliebsame Differenzen bei der Abnahme der Anlage zu vermeiden. Auch die Abführung der
Abgase bedarf einer sorgfältigen Planung und Ausführung.
Hierbei ist ebenfalls eine enge Zusammenarbeit zwischen Gaseinrichter und Gaswerk zu empfehlen.

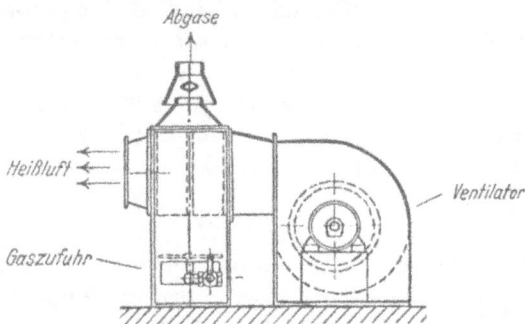

Bild 129.

Wie Bild 129 zeigt, besteht der Gaslufeheizer aus einem
Heizkörper, durch welchen die zu erwärmende Luft durch
einen Ventilator, getrennt von den Heizgasen, hindurchgeleitet
wird. Gegen Überhitzung muß die Feuerstätte durch einen
Temperaturregler gesichert sein.

Die TVR besagt, daß bei der Aufstellung von Gasluft-
heizern etwaige Vorschriften der örtlichen Baupolizei zu beachten sind (Ziff. 42).

18. Gasgefeuerte Kessel

Die Anwendungsgebiete gasbeheizter Kessel sind sehr
große. Man verwendet sie besonders bei Stockwerksheizungen,
bei Sammelheizungsanlagen während der Übergangszeit dann,
wenn die Gaspreise günstig sind.

Darüber hinaus werden sie geliefert für Warmwasser-
heizungsanlagen sowie zur Erzeugung von Nieder- und Hoch-
druckdampf.

Da eine gasbeheizte Sammelheizungsanlage sich, auch
wenn sie unterteilt gebaut ist, dem Wärmebedarf der Räume
niemals so anpassen kann, wie eine Gaseinzelheizung, muß der
größere Wärmeaufwand deshalb durch niedrigeren Gaspreis
ausgeglichen werden. Die Anlage arbeitet erst dann wirtschaftlich, wenn der Gaspreis etwa 4 bis 6 Pf. pro m³ Gas beträgt.

Findet ein Gasheizkessel nur während der Übergangszeit
oder als Zusatzheizkessel Verwendung, dann ist ein wirtschaftliches Arbeiten auch bei höheren Gaspreisen gegeben.

Wir können die Vorzüge des Gasheizkessels wie
folgt zusammenfassen:

1. Anpassung des Wärmeaufwandes an den Bedarf durch
   Unterteilung der Anlage,
2. geringer Platzbedarf,
3. kurze Anheizzeit,
4. vollselbsttätiger Be-
   trieb durch Einbau
   der Regel- und Sicher-
   heitsvorrichtungen,
5. keine Brennstofflage-
   rungen.

Es ist zweckmäßig, auf
diese Vorzüge bei Vergleichen
mit anderen Brennstoffen
hinzuweisen.

Bild 130 gibt einen gas-
gefeuerten Kessel für Sam-

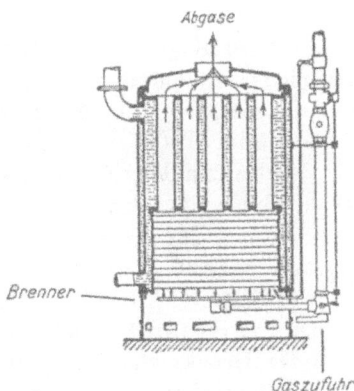

Bild 130.

melheizungen im Schnitt wieder. Die Kessel sind mit behördlich vorgeschriebenen Sicherheitsvorrichtungen versehen, und zwar:

1. Gasmengenregler unabhängig vom Gasvordruck,
2. Zündsicherung gegen Austreten von unverbranntem Gas,
3. Temperaturregelung bei Warmwasserkesseln oder Druckregler bei Dampfkesseln. Die Regler sind einstellbar,
4. Wassermangelsicherung bei Dampfkesseln.

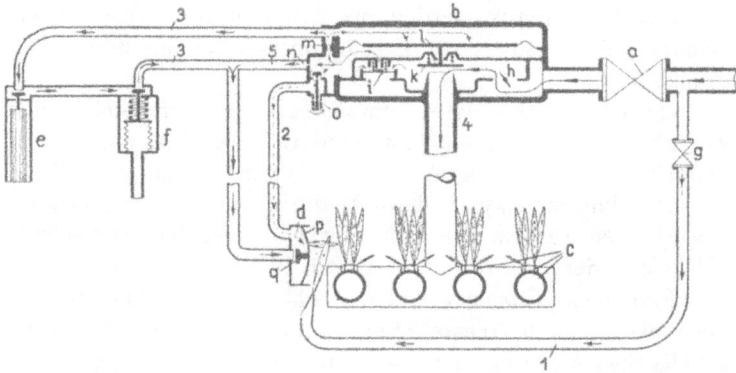

Bild 131.

a Gashaupthahn	f Druckregelventil	k Hauptgasventil	Wachgasstrom 5
b Gasschalter	g Ansteckhahn	l Hubmembrane	(einstellbar)
c Gasbrenner	h Einstellbare	für »k«	o Druckknopf für
d Spreizzünder	Öffnung für die	m Drossel für	Hilfsgasstrom 2
e Temperatur-	Gasmenge	Steuergasstrom 3	p Spreizmembrane
regelventil	i Gasmengenregler	n Drossel für	q Zünderventil

Bild 131 zeigt eine schematische Darstellung dieser Regel- und Sicherheitsvorgänge durch verschiedene Gasströme.

Sie entspricht einem Modell der Firma Bamag-Meguin, A.-G., Berlin NW 87.

Beim Anzünden des Kessels treten die einzelnen Gasströme nacheinander wie folgt in Tätigkeit (Bild 131):

Gasstrom 1 zur Ansteckflamme.

Hilfsgasstrom 2 vom Druckknopf zum Spreizzünder — Erwärmung der Spreizzündermembrane.

Steuergasstrom 3 vom Gasschalter über den Temperatur- oder Druckregler zum Spreizzünder.

Hauptgasstrom 4 vom Gasschalter über das Hauptgasventil zum Brenner.

Wachgasstrom 5 vom Gasschalter zum Spreizzünder zur Unterhaltung der Zündflamme beim Ansprechen der Steuerorgane.

Die Firma Junkers-Dessau baut Gaswarmwasserheizkessel für Niederdruck bis zu 2,5 atü. Sie sind ausgerüstet mit einem Elektro-Gasschalter, der bei Ansprechen des Kesselwasser-Temperaturfühlers, also bei Erreichung der eingestellten Kesselwasser-Temperatur, die Brennerflammen klein weiterbrennen läßt. Er bietet ferner die Möglichkeit, zusätzlich ferngesteuerte Raum- bzw. Flüssigkeits-Temperatur-Regeleinrichtungen ohne wesentliche Änderungen einzubauen.

Junkers stellt diese Gaskessel, die für Zentralheizung und zentrale Heißwasserversorgung ganzer Häu-

Bild 132.

ser, Wohnungen, Großküchen, für gewerbliche und industrielle Betriebe geeignet sind, in zwei Bauarten her, und zwar:

Bauart WV ..... F_1

WV 12 F_1	Leistung 12000 kcal/h	Gasverbrauch 3,9 m³/h
WV 18 F_1	» 18000 »	» 5,85 »
WV 24 F_1	» 24000 »	» 7,65 »
WV 30 F_1	» 30000 »	» 9,6 »
WV 36 F_1	» 36000 »	» 11,5 »

Diese Bauart ist im Bild 132 wiedergegeben.

Bauart WV ..... H_2

WV 42 H_2	Leistung 42000 kcal/h	Gasverbrauch 13,0 m³/h
WV 54 H_2	» 54000 »	» 16,9 »
WV 72 H_2	» 72000 »	» 22,7 »
WV 90 H_2	» 90000 »	» 28,6 »

Die Ausführung dieser größeren Gaswarmwasserkessel läßt das Bild 133 erkennen.

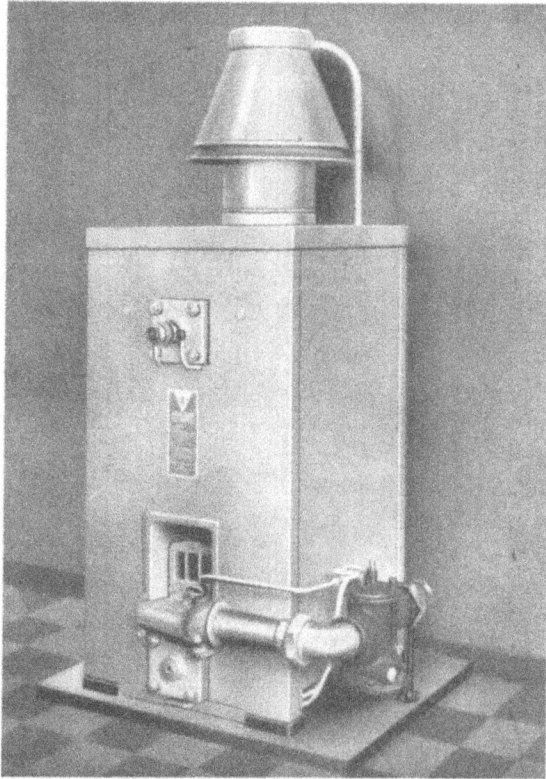

Bild 133.

19. Gasfeuchtluftheizung

In der neuen Messehalle in Leipzig wurden die Hallen-
neubauten 20 und 21a auf dem Gelände der Technischen
Messe mit einer Gasluftheizung ausgerüstet, die gleichzeitig
auch eine angenehm empfundene Klimatisierung insofern gestattet, als zur Regelung des Feuchtigkeitsgehaltes Dampf in
die erhitzte Luft eingeblasen werden kann (s. S. 207 Gas- u.
Wasserfach, Heft 12, 1938).

20. Gaskocheinrichtungen

Das Gas bietet als Brennstoff für Kochzwecke außerordentlich viele und wesentliche Vorzüge gegenüber der Kohle

und ist gegenüber dem elektrischen Strom als Wärmequelle durchaus gleichwertig. Zu den Vorzügen gehören:

1. Große Bequemlichkeit. Der Brennstoff Gas ist in jedem Falle sofort verfügbar, er braucht nicht, wie bei der Kohle, gelagert, zerkleinert, und herbeigeschafft zu werden. Es entfällt das Anheizen, Nachlegen, Schüren, Schlacken und Fortschaffen der Asche.

2. Äußerste Reinlichkeit. Es entsteht keine Asche, kein Staub, Rauch oder Ruß. Die Küchenräume bleiben stets rein.

3. Große Zeitersparnis. Die Hausfrau kann, da das Feuer keine Bedienung braucht, und weil in jedem Augenblick die volle Hitze da ist, sich anderen häuslichen Aufgaben widmen.

4. Bei richtiger Einstellung der Flammen bleiben den Speisen die Nährsalze und Vitamine erhalten.

5. Das Kochen auf Gas ist wirtschaftlich. Besonders im Vergleich mit dem elektrischen Strom, aber auch bei richtiger Handhabung gut konstruierter Kocher und Herde durchaus nicht viel teurer als das Kochen mit Kohle.

a) Gaskocher

Bei allen Gaskochern kommt zur Vermeidung der Ruß-bildung die entleuchtete Flamme (Bunsenflamme) zur Verwendung (s. Kapitel Brenner).

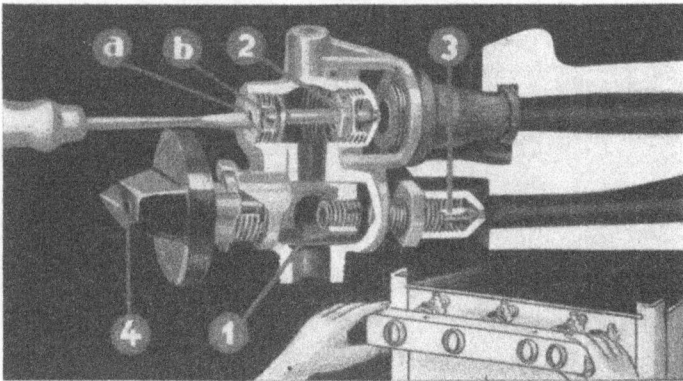

Bild 134.

Der wesentlichste Teil eines jeden Gaskochapparates ist der Brenner, welcher in seiner äußeren Form verschiedenartig gebaut wird. Bild 134 zeigt einen Doppelsparbrenner der Firma Junker & Ruh, Karlsruhe.

Er hat zwei getrennte Mischrohre für den großen Flammenkranz und die Sparflamme. Die Flammen sollen bis zur

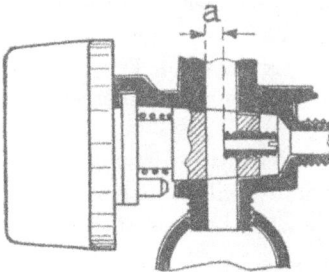

Bild 135. Feststellen der Düse am Junker- und Ruh-Doppelsparbrenner.

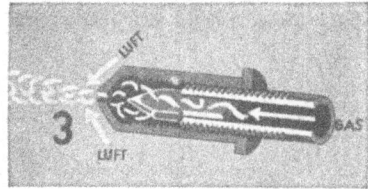

Bild 136.

kleinsten Flammenstellung blau mit grünem Kern brennen. Jeder Brenner ist mit einem Hahn versehen, welcher so gestellt werden kann, daß sowohl starkes als auch schwaches Feuer, ersteres zum Ankochen, letzteres zum Weiterkochen, gegeben werden kann.

Damit die Flamme nicht zurückschlägt, ist die Luftzufuhr einzuregulieren. Das wird erreicht durch Verstellen der Düse und ist in Bild 135 bis 138 gezeigt.

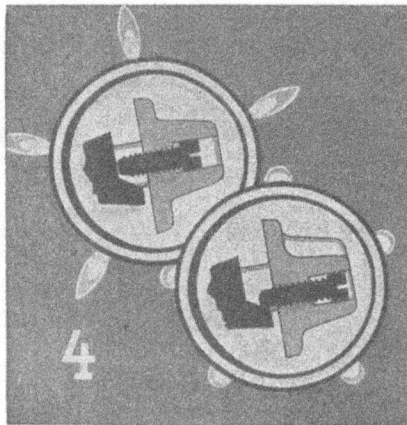

Bild 137.

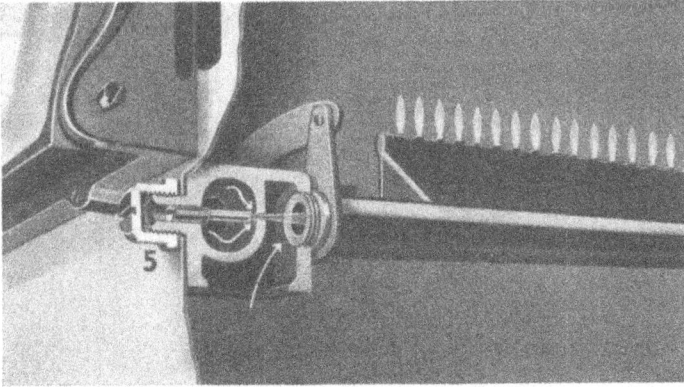

Bild 138.

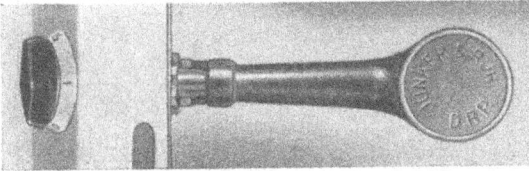

Bild 139.

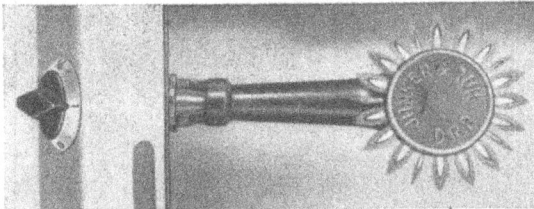

Bild 140.

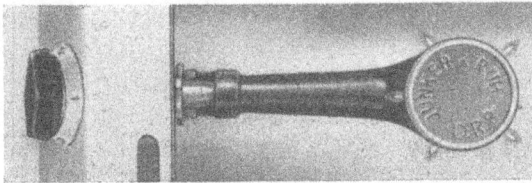

Bild 141.

Die Stellungen des Hahnes an einem solchen Brenner soll in den Bildern 139 bis 141 gezeigt werden.

Der Konstruktion nach unterscheidet man offene und geschlossene Gaskocher und bezeichnet die Größe dieser Kocher in der Regel nach der Anzahl der Brenner als Einloch-, Zweiloch-, Dreiloch- usw. Kocher oder als ein-, zwei-, dreistellige Gaskocher entsprechend den Sinnbildern für Gaseinrichtungen: (Bild 142)

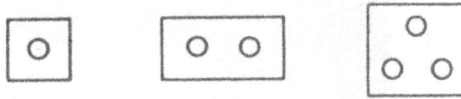

Bild 142.

Durch die seitlichen Öffnungen wird die Flamme aufgeteilt und die Luftzufuhr dadurch verbessert. Bei einigen Fabrikaten ist diese Unterteilung sehr weitgehend durchgeführt, dadurch wird eine bessere Flammenverteilung unter dem Topfboden erzielt.

Einen offenen, zweiflammigen Rippenkocher zeigt Bild 143. Rippenkocher sind billiger als Plattenkocher und sind leichter zu reinigen.

Bild 143. Rippenkocher.

Plattenkocher haben ein besseres Aussehen und sind deshalb häufiger im Gebrauch (Bild 144).

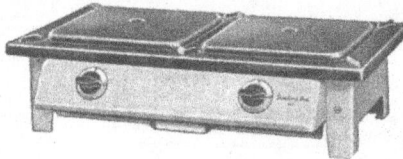

Bild 144. Plattenkocher.

Über die Notwendigkeit der Abgasabführung sagt die TVR in Ziffer 47:

»Kocher, Bratöfen und Herde für den Haushalt bedürfen wegen ihres geringen stündlichen Gasverbrauches keiner Abführung der Abgase, keines Schornsteinanschlusses.«

b) Anschluß der Gaskocher.

Gaskocher und Gasbratöfen sollen in der Regel durch Rohr und Verschraubung fest angeschlossen werden; sie dürfen mit Zustimmung des Gaswerks auch lösbar durch vom Gaswerk zugelassene Metallschläuche mit Verschraubungen an beiden Enden angeschlossen werden (s. TVR Ziffer 27, Absatz 2).

Damit ist von amtlicher Stelle darauf hingewiesen worden, daß der Anschluß eines Gaskochers an die Gasleitung dann eine gewisse Gefahr bedeutet, wenn er nicht gewissenhaft gemacht wird, z. B. durch einen einfachen Gummischlauch mit Schlauchtüllen.

Der Schlauch muß so angeschlossen sein, daß er auf keinen Fall von den Flammen oder heißen Abgasen berührt werden kann.

c) Gasherde

Sie unterscheiden sich von den Gaskochern dadurch, daß sie mit einem Untergestell fest verbunden sind und meistens neben den Kochstellen noch Brat- und Backöfen haben, die entweder in diesem Untergestell oder seitwärts davon eingebaut sind. Die vollkommen emaillierte Ausführung neuzeitlicher Fabrikate gestattet eine sehr einfache Sauberhaltung der Herde. Bild 145 zeigt, daß bei diesem Modell alle scharfen Ecken und Kanten vermieden wurden.

d) Sparsames Kochen

Außer der bereits beschriebenen Anwendung des sparsamen Kochens durch den Einbau von Doppelsparbrennern gibt es noch eine Möglichkeit für die Hausfrau und Köchin sparsam zu kochen. Man stellt zwei oder drei Töpfe auf der offenen Flamme so übereinander, daß im unteren Topf direkt gekocht wird, in den beiden oberen Töpfen die Speisen im

Garen bleiben. Bild 146 zeigt das sog. Turmkochen, bei welchem folgende Regeln anzuwenden sind:

Bild 145.

1. Der erste Topf kocht mit voller Flamme an,
2. dann wird für einige Minuten mit halber Flamme weitergekocht,
3. hiernach werden die Töpfe so übereinander gestellt, daß unten die derbere, oben die leichtergarende Speise steht; dann werden die Flammen kleingestellt.

Bild 146.

So wird die Wärme besser ausgenutzt und Gas gespart.

e) Gasapparate für industrielle und gewerbliche Betriebe

Die Verwendung des Steinkohlengases für industrielle und gewerbliche Zwecke ist so umfangreich, daß es im Rahmen dieses Buches nicht möglich ist, alle die Apparate aufzuführen und zu beschreiben, die mit Gas beheizt werden.

In der Industrie finden wir Gas als Wärmeerzeuger zur Beheizung von Metallschmelzöfen, Glüh- und Härteöfen, Schmiedefeuern u. dgl., in gewerblichen Betrieben zur Erhitzung von Lötkolben, in der Schriftgießerei, in Bäckereien, Konditoreien, Kaffeerösterein usw.

Einen allgemeinen Überblick über diese Gasapparate gibt Dr. Schilling, München; ergänzt nach den neuesten Mitteilungen einiger Firmen.

VIII. Gaskälte

1. Zweck der Kühlung

Zum Zwecke der Frischhaltung von Lebensmitteln im Haushalt bedient man sich entweder der Eisschränke, das sind Schränke mit Eisfüllung oder der Kühlschränke mit künstlicher Kälteerzeugung.

Wir wissen, daß jährlich in Deutschland ein großer Teil von Lebensmitteln, die leicht verderblich sind, dadurch verloren gehen, daß sie nicht kühl genug aufbewahrt werden. Um unsere Volkswirtschaft vor diesem Verlust zu schützen, müssen die Nahrungsmittel auf ihrem Wege vom Erzeuger bis in den Haushalt möglichst lange frisch gehalten werden.

Diesem Zweck dient der

2. Gaskühlschrank Elektrolux

Die Wirkungsweise ist kurz folgende:

Das im Kocher befindliche Ammoniak wird durch Gaswärme aus einer Wasser-Ammoniaklösung ausgetrieben, im Kondensator oder Verflüssiger niedergeschlagen und verflüssigt in den Verdampfer gebracht. Hier tropft es in eine Wasserstoffatmosphäre, verdunstet dadurch und erzeugt Kälte. Nunmehr werden die erzeugten Dämpfe durch eine sinnreiche Konstruktion im Aufsauger von der aus dem Kocher kommenden schwachen Ammoniaklösung aufgesaugt und wandern von hier aus als starke Wasser-Ammoniaklösung wieder in den Kocher.

Der ununterbrochene Kreislauf ist damit geschlossen, und die Kälteerzeugung beginnt von neuem. Die sinnbildliche Darstellung der Kühlvorrichtung ist in Bild 147 veranschaulicht.

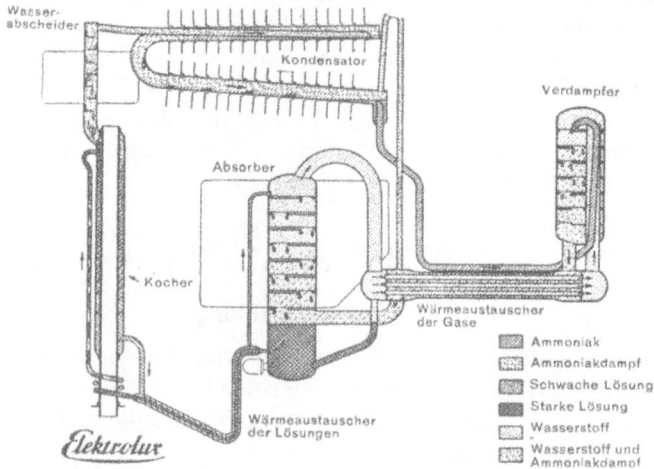

Bild 147. Sinnbildliche Darstellung der Kühlvorrichtung.

Die drei Hauptteile der Gaseinrichtung des Gaskühlschrankes »Elektrolux« sind folgende:

a) Regeleinrichtung

Die Gasmengenzufuhr und damit die Kälteleistung regelt man mit dem Drehknopf durch Einstellung der 4 Beheizungsstufen.

b) Gasdruck- und Temperaturregler mit Fühlkörper

Während bei der kleinen Type L 15 nur ein Gasdruckregler vorhanden ist, der den Gasdruck auf ein konstantes Maß hält, ist bei dem größeren Schrank der Druckregler kombiniert mit einem Thermostat. Dieser Temperaturregler beeinflußt selbsttätig entsprechend der Anzeige des Fühlkörpers die Gaszufuhr zum Brenner und damit die Kühlleistung (Bild 148).

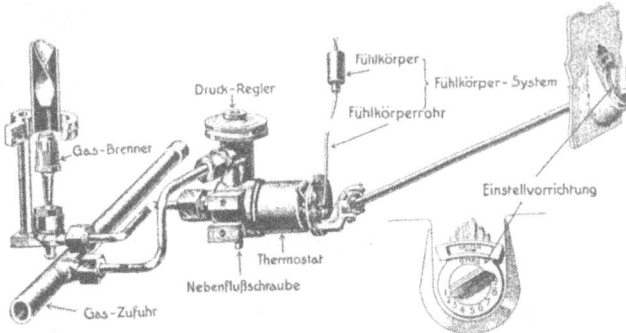

Bild 148.

c) Der Gasbrenner

Seine Form sowie das Flammenbild bei richtiger Einstellung geht aus Bild 149 hervor. Der Gasbrenner ist ein Bunsenbrenner, dessen Aufbau an anderer Stelle ausführlich beschrieben wurde.

3. Die physikalischen Grundlagen bei der Kühlung

sind folgende:

1. Das Gay-Lussacsche Gesetz. Die Volumen von Gasen verhalten sich direkt proportional ihren absoluten Temperaturen. $V_1 : V_2 = T_1 : T_2$.

Flammenbild
bei richtiger Einstellung

Bild 149.

2. Das Boyle-Mariottesche Gesetz. Die Volumen von Gasen verhalten sich umgekehrt wie ihre Drucke, unter denen sie stehen. $V_1 : V_2 = P_2 : P_1$.

3. Das Daltonsche Gesetz. Der Gesamtdruck eines Gasgemisches chemisch nicht aufeinander wirkender Gase

ist gleich der Summe der Drucke, welche seine Bestandteile bei der gleichen Temperatur einzeln ausüben würden.

Dieses Gesetz ist von Gay-Lussac und Mariotte bestätigt worden und findet im Gaskühlschrank von Elektrolux seine Anwendung, denn wir haben in diesem Apparat ein Gasgemisch von Ammoniakgas und Wasserstoffgas, welches diesen Gesetzen folgt.

Das Elektroluxsystem ist nach dem Daltonschen Gesetz druckausgeglichen; es sind daher auch keine Sicherheitsventile erforderlich.

IX. Die Entgiftung des Stadtgases

Über die Zusammensetzung des Stadtgases haben wir an anderer Stelle gesehen, daß sie verschieden sein kann, je nachdem es sich um reines Steinkohlengas oder um Mischgas, also um eine Mischung aus Steinkohlengas und Wassergas handelt.

Die im Laboratorium angefertigte Analyse, d. i. die Bestimmung der einzelnen Bestandteile von Steinkohlengas kann z. B. folgende Werte ergeben:

$1,4\%$ CO_2 (Kohlensäure),
$1,8\%$ C_nH_m = SKW (schwere Kohlenwasserstoffe)
$0,4\%$ O_2 (Sauerstoff),
$15,4\%$ CO (Kohlenoxyd),
$20,1\%$ CH_4 (Methan),
$53,6\%$ H_2 (Wasserstoff),
$\underline{7,3\%}$ N_2 (Stickstoff),

zus. $100,0\%$.

Alle diese einzelnen Bestandteile des Gases wirken schädlich auf die Atmungsorgane des menschlichen Körpers, bis auf die verschwindend geringe Menge Sauerstoff, weil sie die Atmung nicht unterhalten können. Besonders schädlich wirkt das Kohlenoxyd, welches blutzersetzende Eigenschaften besitzt und zur Vergiftung führt.

Beim Atmungsprozeß wird der Sauerstoff der Luft in der Lunge an den Blutfarbstoff, das Hämoglobin, gebunden und an die Gewebezellen abgegeben. Beim Zusammentreffen mit den kohlenstoffhaltigen Nährstoffen bildet sich Kohlensäure, die der Mensch durch die Lunge wieder ausatmet. Durch das Blut wird also den einzelnen Gewebezellen der erforderliche Sauerstoff zugeführt. Ist dieser nicht in genügender Menge vorhanden, d. h. lebt der Mensch in sauerstoffarmer Luft, atmet er Stadtgas ein, so sterben die Zellen allmählich ab, der Tod tritt infolge Erstickung ein.

Es besteht jedoch die Möglichkeit der Wiederbelebung des Gasvergifteten durch künstliche Atmung (s. Unfallverhütungsvorschriften), denn das Blut erfährt hierbei keine Veränderung, es kann den Gewebezellen wieder neuer Sauerstoff zugeführt werden.

Anders ist es bei der Einatmung von Kohlenoxyd, welches das Blut unfähig macht, Sauerstoff aufzunehmen. Kohlenoxyd bildet mit dem Blutfarbstoff Hämoglobin eine feste Verbindung, es verhindert also, daß der Sauerstoff an die Gewebezellen abgegeben werden kann.. Durch die fortschreitende Zersetzung des Blutes sterben die Gewebezellen ab, der Tod tritt infolge der Vergiftung des Blutes ein.

In diesem Falle ist eine Wiederbelebung des Kohlenoxydvergifteten nur dann von Erfolg gekrönt, wenn das Blut noch nicht vollständig mit Kohlenoxyd durchsetzt ist. 60 bis 70% des Hämoglobins genügen, wenn sie an Kohlenoxyd gebunden sind, um die Wiederbelebung unmöglich zu machen. Eine künstliche Atmung zur Aufnahme von Sauerstoff führt nur zu dem gewünschten Erfolg, wenn noch genügend freie Hämoglobinmengen vorhanden sind, die dann neue, gesunde Blutzellen bilden.

Während wir Kohlenoxydgasvergiftungen ziemlich machtlos gegenüberstehen, kennen wir ein Mittel, um das Stadtgas unschädlich zu machen. Wir können es entgiften, d. h. wir müssen es arm an Kohlenoxyd machen. Damit aber der Heizwert, der für Kohlenoxyd (CO) $H_u = 3020$ kcal/Nm^3 beträgt und der bei 5,4% CO einen Verlust von 139 kcal/Nm^3 ergeben würde, nicht geringer wird, wählt man folgende Methode.

In demselben Arbeitsgang, in welchem das Kohlenoxyd entfernt wird, erzeugt man Wasserstoff und fügt diese Wärmemenge dem Gas zu, schafft mithin auf diese Weise einen Wärmeausgleich. Eine solche Entgiftungsanlage kann sich jedes Gaswerk oder jede Kokerei durch Einbau von Katalysatoren schaffen. Dem Stadtgas wird Wasserdampf zuge-

11*

setzt und das Gemisch von Gas und Dampf auf etwa 400° C
erwärmt. Der Wasserdampf verwandelt sich dadurch in
Wasserstoff, daß er seinen Sauerstoff an das Kohlenoxyd
bindet und zu Kohlensäure umwandelt. Mit dieser Umwandlung ist jedoch eine Raumvergrößerung der Gasmenge verbunden und auch ein Sinken des Heizwertes des entgifteten
Gases auf 1 m³ bezogen.

Zur Ausgleichung dieses Verlustes stellt man ein möglichst
heizkräftiges Stadtgas her und führt es der Entgiftungsanlage
zu, erzielt also ein Stadtgas vom gleichen oberen Heizwert.

Wie die folgende Analyse vom entgifteten Stadtgas zeigt,
ist darin noch 1% Kohlenoxyd enthalten; es kann also nicht
vollständig entgiftet werden. Ferner ist zu erkennen, daß
die Anteile von Wasserstoff und besonders Kohlensäure stark
vermehrt sind. Das hat zur Folge, daß der untere Heizwert
schlechter wird. Denn die Verdampfungswärme, d. i. die in
den Abgasen enthaltene Wärme, die zur Verdampfung des in
ihnen enthaltenen Wasserdampfes notwendig ist, läßt sich
nicht ausnutzen, sie bedeutet also einen Verlust, der vom
oberen Heizwert abzuziehen ist. Praktisch macht das beim
nicht entgifteten Stadtgas etwa 10% Unterschied zwischen
dem oberen und unteren Heizwert aus, während dieser Unterschied beim entgifteten Stadtgas um so größer ist, je mehr
Wasserstoff darin enthalten ist, d. h. mit um so mehr Wasserdampf man in der Entgiftungsanlage arbeitet.

Bei gleichen oberen Heizwerten der beiden
Gassorten ist der untere Heizwert des entgifteten
Stadtgases geringer als der des nicht entgifteten.

Nach der Entgiftung würde das Stadtgas etwa folgende
Zusammensetzung haben:

> 12,1% Kohlensäure,
> 2,4% schwere Kohlenwasserstoffe,
> — % Sauerstoff,
> 1,1% Kohlenoxyd,
> 18,5% Methan,
> 58,6% Wasserstoff,
> 7,3% Stickstoff,

zus. 100,0%.

Die Nachteile der Entgiftung von Stadtgas sind verschwindend gering. Außer der Verringerung des unteren Heizwertes ist nur eine Verteuerung von 2 bis 3 Pf. pro m³ zu verzeichnen.

Die Vorteile sind demgegenüber sehr groß. Zunächst ist die Ausbeute an Koks, Teer und Benzol größer als beim nicht entgifteten Stadtgas. Ferner greift das gereinigte Gas die Rohrleitungen und die Geräte nicht so sehr an wie das normale Stadtgas. In den Abgasen sind die schwefeligen Bestandteile in weit geringerem Maße vorhanden als sonst.

Neben diesen materiellen Vorteilen sind aber die ideellen von größter Bedeutung. Der Konsument entschließt sich leichter zum Anschluß von Gasgeräten, wenn er weiß, daß das Gas entgiftet ist, daß die Sicherheit in seinen Wohnräumen um vieles erhöht ist.

Die Werbekraft ist damit gesteigert und spricht für das entgiftete Gas. Ganz besonders aber ist die volkswirtschaftliche Forderung: Menschenleben zu schützen und zu erhalten, in hohem Maße erfüllt.

X. Transportables Gas

Zu dem großen Anwendungsgebiet des Gases gehört auch die Möglichkeit, das Gas transportabel an beliebigen Stellen zu verwenden, ohne daß eine direkte Leitungsverbindung mit dem Gaswerk besteht.

Die beiden Anwendungsgebiete sind:

1. Flaschengas für Haushalte, die nicht ans Gasnetz angeschlossen sind,
2. Treibgas in Stahlflaschen für Kraftfahrzeuge.

Dieses Gas läßt sich bei normalen Temperaturen durch geringen Druck nach einem bestimmten physikalischen Gesetz verflüssigen und nimmt in diesem Zustand einen wesentlich geringeren Raum ein als im gasförmigen Zustand.

So ist es möglich, große Mengen verflüssigten Gases in verhältnismäßig sehr leichten Druckbehältern (Stahlflaschen) unterzubringen. Beim Verlassen der Behälter wird der Druck aufgehoben und das vorher verflüssigte Gas wird wieder reines Stadtgas.

Zu einer solchen Einrichtung gehören folgende Einbaugeräte:

a) Flaschenhalter entweder für stehenden Gebrauch im Haushalt oder für liegenden Gebrauch an Fahrzeugen.

b) Zur Sicherung der Flaschen und der Gasanlage gegen Überdruck werden Berstscheiben im Flaschenventil und am Sammlerrohr eingebaut und ermöglichen bei einer unzulässigen Drucksteigerung die schnelle gefahrlose Entleerung der Flaschen. Ferner ist hinter dem Sammelrohr in der Sammelleitung ein Sicherungsventil eingebaut, welches ebenfalls die weitere Gaszufuhr bei unzulässiger Drucksteigerung abriegelt.

c) Der Druckminderer wird stets vom Herstellerwerk eingestellt und hat die Aufgabe, das in den Flaschen befindliche Gas von einem Überdruck von 3 bis 12 atü auf den Gebrauchsdruck zu reduzieren.

d) Das Manometer dient zur Druckanzeige des Flaschendruckes, der solange konstant bleibt, wie sich noch Gas in flüssigem Zustand in der Flasche befindet. Erst bei Entnahme des letzten nur noch gasförmigen Restes fällt der Druck schnell ab.

Generator-Ofen

Luft-Kühle

Steigrohr

Vorlage (Hydraulik)

Generator

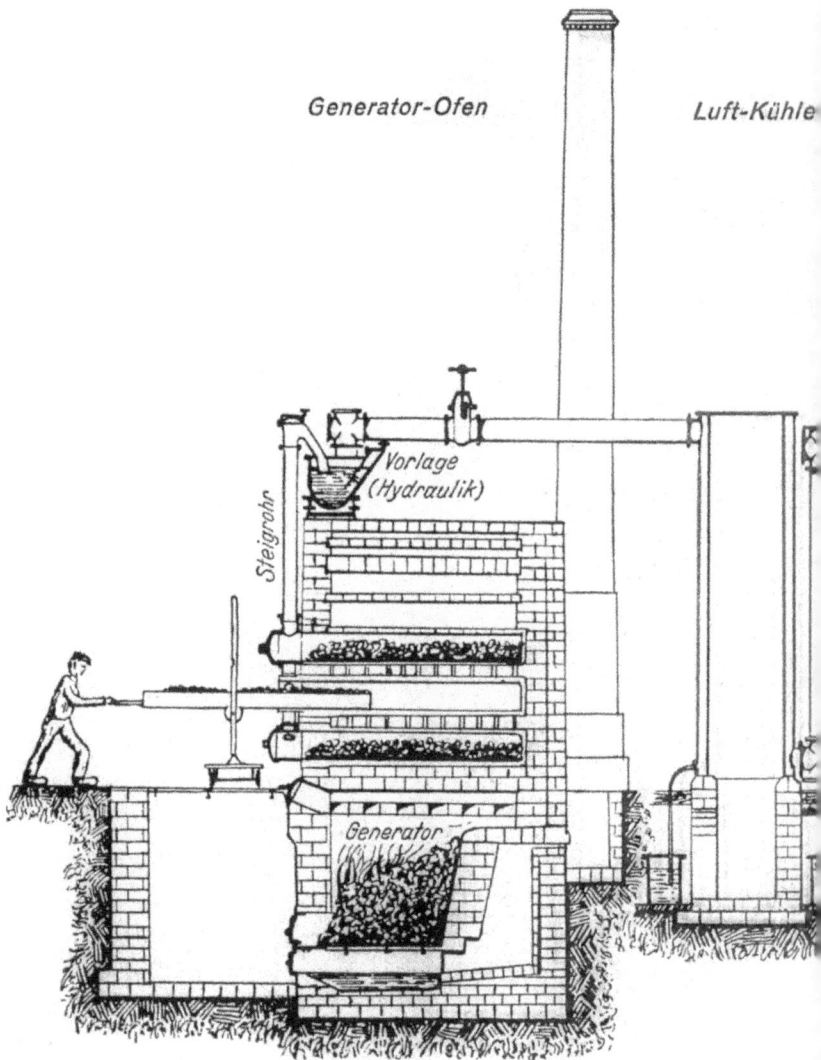

Kuckuk, Der Rohrleger und Einrichter der sanitären Technik. 4. Aufl.

ühler Gassauger Teerscheider Wascher
(Exhaustor)

Schematische

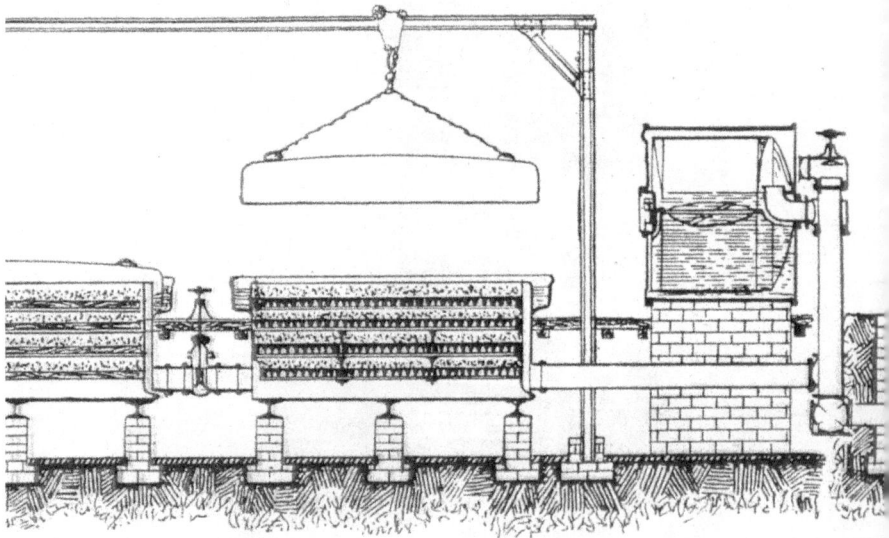

Reiniger
(geschlossen, geöffnet)

Gasmesser

Darstellung eines Gaswerkes.

Gasbehälter *Druckregler*

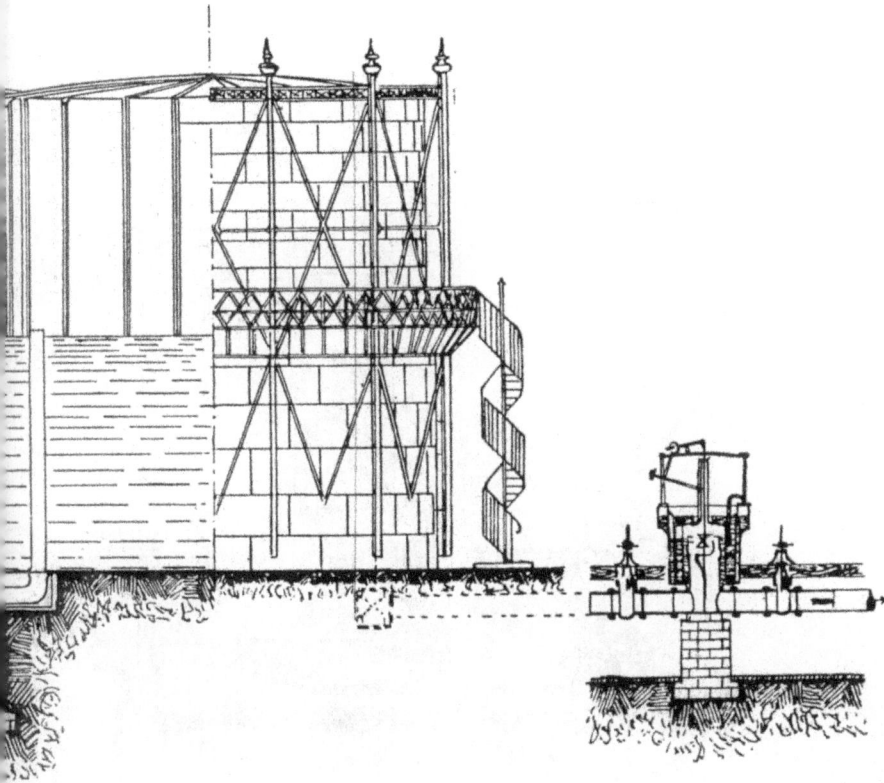

Verlag von R. Oldenbourg, München und Berlin 1943.

Dichte 71, 72 | Gasgewinnung 10

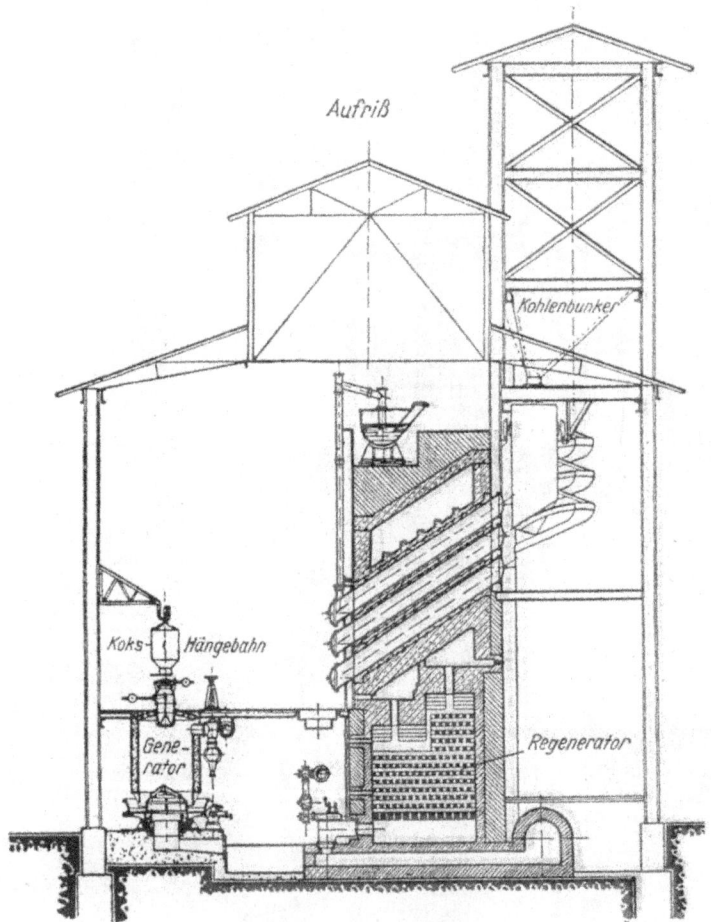

Aufriß

Kohlenbunker

Koks- Hängebahn

Gene-
rator

Regenerator

Kuckuk, Der Rohrleger und Einrichter der sanitären Technik. 4. Aufl.

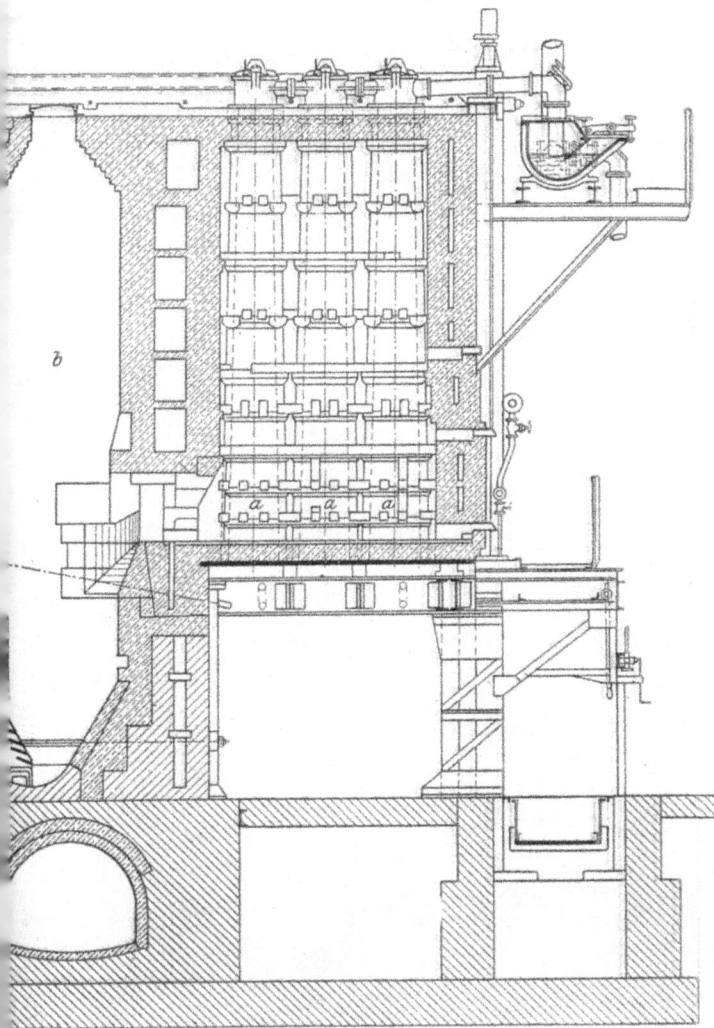

Schematische Darstellung

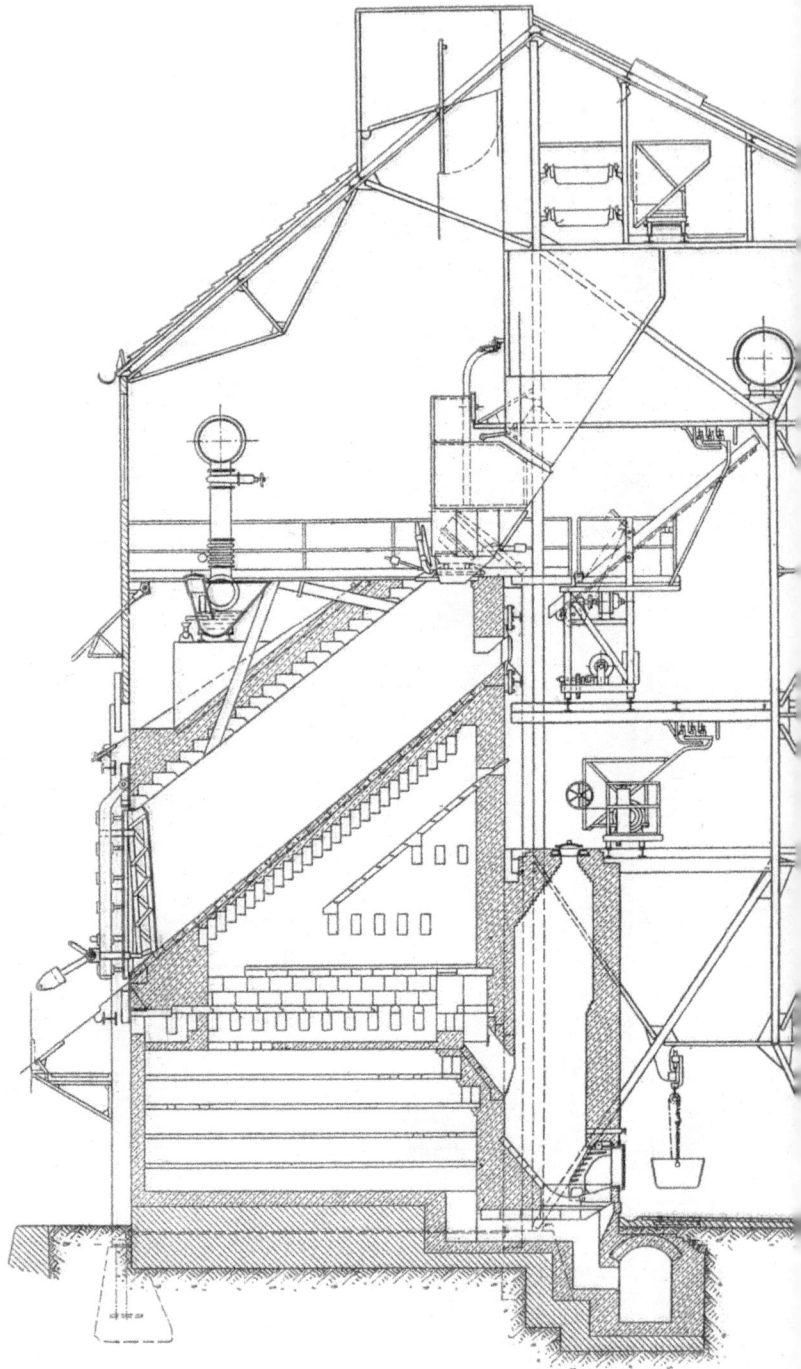

der Erzeugungsöfen.

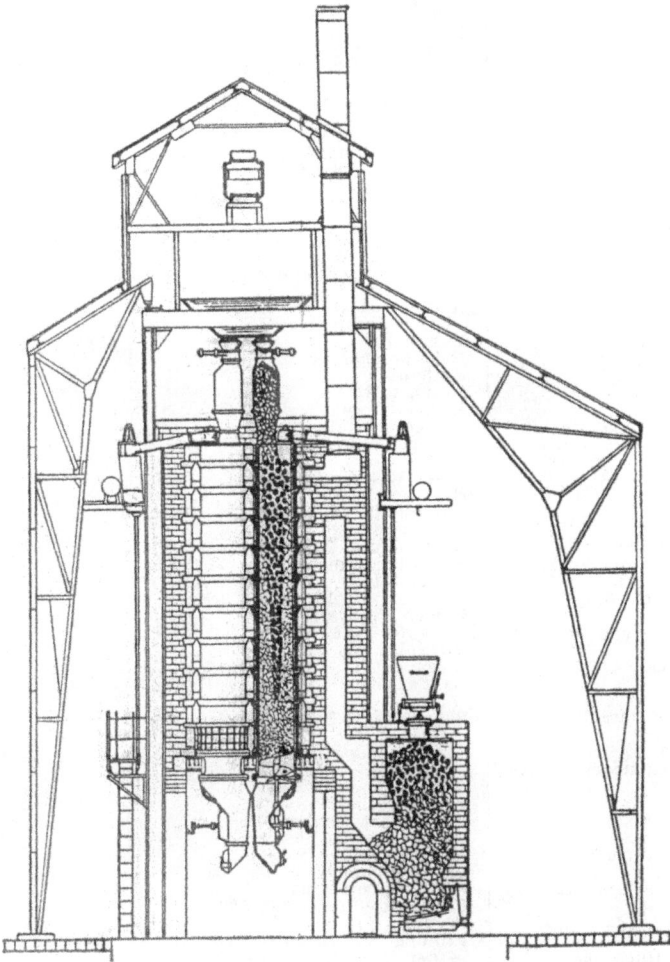

Verlag von R. Oldenbourg. München und Berlin 1943

Gasverteilung. Genormtes Stadtgas zwischen Erzeugung und Verbrauch. Hrsg. von Fr. Wilh. B e r t e l s m a n n und Magistratsbaurat i. R. Ernst K o b b e r t. Unter Mitwirkung von Dipl.-Ing. F. Flothow, Dr. H. Chr. Gerdes, Dr. techn. F. Schuster. 184 S., 50 Abb., 21 Zahlentaf. Gr.-8⁰. 1935   Halblein. RM 9.40

Grundlagen zur Berechnung der Gasrohrleitungen. Von Dr. techn. B. B i e g e l e i s e n. 169 S., 53 Abb., 1 Tafel. 8⁰. 1918   RM. 4.50

Gasbeleuchtung. Taschenbuch für Gasingenieure. Hrsg. vom Deutschen Verein von Gas- und Wasserfachmännern e. V., Berlin. 93 S., 92 Abb. DIN-A 5. 1937   Geb. RM. 4.50

Der praktische Gasfachmann. Ein Handbuch für Gaswerksbetrieb und Gasabgabe. Von Direktor Josef G ü l i c h. 123 S., 45 Abb. 8⁰. 1939   kart. RM. 2.80

Handbuch der Gasindustrie. Herausgegeben von Dr.-Ing. Horst B r ü c k n e r (Gasinstitut Karlsruhe).

Band   I: Gaserzeugungsöfen. 584 S., 317 Abb. Gr-8⁰. 1938
                                      Geb. RM. 45.—

,,   II: Generatoren. 302 S., 170 Abb. Gr.-8⁰. 1940
                                       Geb. RM. 23.—

,,   III: Gasreinigung und Nebenproduktengewinnung. 635 S., 250 Abb. Gr.-8⁰. 1939   Geb. RM. 48.—

.,   IV: Gasspeicherung, Großgasmessung und Gasverteilung.

,,   V: Untersuchungsmethoden für feste und gasförmige Brennstoffe sowie für Nebenprodukte.

,,   VI: Technische Gase und deren Eigenschaften. 363 S., 85 Abb., zahlreiche Tabellen. Gr.-8⁰. 1937
                                      Geb. RM. 27.50

,, VII: Personen-, Patent- und Sachverzeichnis.

Technische Vorschriften und Richtlinien für die Einrichtung von Niederdruckgasanlagen in Gebäuden und Grundstücken. DVGW-TVR Gas 1938. 28.—29. Taus. 54 S., 13 Abb. DIN-A 5.
                                        RM. 1.20

R. Oldenbourg · München 1 und Berlin

Die wirtschaftlich günstigsten Rohrweiten. Ihre Bestimmung für die Fortleitung von Wasser, Wasserdampf und Gas. Von Dr.-Ing. R. Biel. 78 S., 12 Abb., 14 Zahlentaf., 7 Kurventaf. Gr.-8°. 1930   kart. RM. 10.80

„Eine sehr gründliche Anleitung zur Bestimmung der günstigsten Rohrweiten für die Fortleitung von Wasser, Wasserdampf und Gas unter Berücksichtigung der Kosten der Rohrleitung und der Arbeitsmaschinen, der Arbeits- und der Wärmeverluste. Es sind sehr übersichtliche Diagramme, aus denen die günstigsten Rohrweiten, Anfangsdrücke und Geschwindigkeiten entnommen werden können. Die Darstellung entspricht dem neuesten Stand unserer betriebswirtschaftlichen und physikalischen Kenntnisse."   Zeitschrift für techn. Physik

Fortleitungswiderstand in Gasrohrleitungen — Umrechnung des Druckabfalles in Rohrleitungen auf verschiedene Fördermittel. Von Dr.-Ing. R. Biel. 11 S., 10 Abb., 1 Taf., 3 Zahlentaf. 4°. 1927   RM. 1.20

„Im ersten Teil, dem Bericht über eine vom Sonderausschuß für Röhrenleitungen des Deutschen Vereins für Gas- und Wasserfachmännern durchgeführte Untersuchung, wird zunächst die Widerstandsformel für expandierende Gase abgeleitet und dann eine praktische »Gebrauchsformel« für schmiedeeiserne Rohrleitungen empfohlen. Die hiernach berechnete Widerstandszahl für Stadtgas wird dann mit den Ergebnissen älterer und neuerer Versuche verglichen und leidlicher Übereinstimmung gefunden...

Der 2. Teil der Broschüre bringt sehr gut brauchbare Umrechnungsfaktoren in mathematischer und graphischer Darstellung, die die Umrechnung von Stadtgas auf andere Gase, Dämpfe und Wasser und von schmiedeeisernen Leitungen mittlerer Güte auf andere Leitungen ermöglichen. U. a. scheint mir vor allem Abb. 7 recht nützlich, in der die kinematische Zähigkeitszahl verschiedener Gase abhängig vom spezifischen Gewicht dargestellt ist.

In einem Anhang finden sich ebenfalls sehr brauchbare Zahlenwerte und durchgerechnete Beispiele. Die Broschüre kann jedem, der viel mit dem Druckabfall in Rohrleitungen zu tun hat, empfohlen werden. Der auf dem Gebiet besonders erfahrene Verfasser hat sich durch ihre Abfassung erneut verdient gemacht."   Zeitschrift für die ges. Kälteindustrie

R.Oldenbourg · München 1 und Berlin